萧寒◎编著

每天一堂心理课

中国纺织出版社

内 容 提 要

生活中，人们常说，人心难测。学会心理分析，就能帮助我们轻松了解他人真实心理、意图，辨明人际关系、轻松驾驭人心的准确线索。

本书列举了大量的实例，并从心理学的角度作了深度的剖析，内容涉及社交、职场、婚恋关系等多方面，由表及里，层层深入，引导读者朋友们学会剥落他人的心理伪装，进而轻松掌握人际关系中的主动权，做人际博弈的大赢家。

图书在版编目（CIP）数据

每天一堂心理课／萧寒编著. —北京：中国纺织出版社，2019.12

ISBN 978-7-5180-6158-7

Ⅰ. ①每… Ⅱ. ①萧… Ⅲ. ①心理学—通俗读物 Ⅳ. ①B84-49

中国版本图书馆CIP数据核字（2019）第077490号

责任编辑：李　杨　　责任校对：武凤余　　责任印制：储志伟

中国纺织出版社出版发行

地址：北京市朝阳区百子湾东里A407号楼　邮政编码：100124

销售电话：010—67004422　传真：010—87155801

http://www.c-textilep.com

中国纺织出版社天猫旗舰店

官方微博http://weibo.com/2119887771

三河市宏盛印务有限公司印刷　各地新华书店经销

2019年12月第1版第1次印刷

开本：880×1230　1/32　印张：7

字数：128千字　定价：39.80元

前 言

有人说，人生就如同一部戏，我们每个人都戴着面具，扮演着不同的角色。的确，在日常的工作和生活中，我们每个人都要和各种各样的人打交道，但并不是每个人都会以真面目示人。当然，人们隐藏自己的内心，原因各种各样，或是出于善意的自我保护，或是为了征服他人，更有可能是包藏祸心。对于你每天面对的那些人，你真的了解吗？他们是表里如一，还是信口雌黄？对于自己的领导或同事，你又知道多少？

事实上，不管你是有出众的能力、渊博的知识，还是有过人的手段，如果你读不懂对方的心理，就很难保持良好的人际关系。

其实，正确认识和判断一个人并不难，只要我们能学会细心观察他的表情、说话的语气和行为举止，就能够知道他内心的真实想法。这就是我们现在经常提起的“心理分析”。因为，在一些细小动作背后，都隐藏着一定的秘密。例如，对方的服饰打扮乃至一个小的装饰品，也会透露他的性格、品位；当然，他人的一些生活习惯，如吃相醉态、消费方式、口头禅、看电视的习惯等，也是他们的性格和行为状态的外显……除此之外，在具体的环境下，我们最好能够实施一些心理小计策，无论是在职场、社交场合还是恋爱中，掌握他人的心理动态，然后对症下药，都能让我们说对的话、做对的事，然后获得我们想要的结果。

可见，在这个社会上，只有识人，你才能在交际中左右逢源；只有识人，你才能获得真正的朋友和爱人；只有识人，你才能占领博弈的制高点，赢得与对手的对决。如此，我们才能拥有一个圆满幸福的人生。

可以说，本书就是一本实用的心理学教程，翻开这本书，你会发现，它是非常详尽的读心术指导手册，它会教你在与人交往的过程中如何用一双眼睛洞察周围人的想法，从而用一种正确的方式来应对周围形形色色的人，助你到达成功的彼岸，赢得幸福的人生！

编著者

2019年4月

目 录

第1章 自我认知的心理分析：真正的我到底是怎样的 | 001

你真的了解自己吗 | 002

你是否拥有自我认知的能力 | 005

明知不对，为什么还是忍不住揭人隐私 | 007

为什么我们说话时喜欢比比划划 | 010

环境究竟对人有多大的影响 | 012

你是否认同自己 | 015

第2章 日常行为的心理分析：他为什么会这样做 | 019

为什么有人总爱爆粗口 | 020

经常说错话的人有着怎样的心理 | 023

为什么有的人总是唠唠叨叨 | 025

为什么有的人喜欢在喝醉时打电话 | 027

为什么饭局上总有人喜欢请客 | 030

为什么有人偏爱罐装食品 | 033

第3章 反常行为的心理分析：一个人身体中到底藏了多少种人格 | 037

恐怖片究竟有什么吸引人之处 | 038

为什么有些人睡觉时喜欢开着灯 | 041

电视剧一般的浪漫爱情，为什么却以分手告终 | 044

吃东西会让人上瘾吗 | 046
“鬼压床”究竟是什么 | 050
为什么逆境之中的爱情更加炽热 | 053

第4章 性格情绪的心理分析：看懂各种“奇奇怪怪” | 057
到底是什么放大了你的痛苦 | 058
为什么有的人容易冲动 | 061
杞人忧天者到底在“忧”什么 | 064
牢骚满腹，如何感受幸福 | 067
遇事果断，当断不断反受其乱 | 070
“习得性无助”背后的心理原因 | 073

第5章 躯体语言的心理分析：不会说谎的情绪表达方式 | 077
躯体语言，反映出一个人的内心世界 | 078
你是否善于运用自己的躯体语言与人交流 | 081
如何正确解读他人的躯体语言 | 084
“大仙”们洞悉人心的秘籍 | 087
身体基本动作产生的内在原因 | 090
不同姿势如何透露一个人的潜意识 | 093

第6章 心理效应的心理分析：探索心灵反映背后的规律 | 097
首因效应：第一印象至关重要 | 098
近因效应：尽快消除不良印象 | 101
刺猬效应：与人交往时适当保持距离 | 103
自己人效应：用相似的方式去表达 | 107

焦点效应：让他成为“焦点” | 110
马太效应：不必苛求绝对的公平 | 113

第7章 心理误区的心理分析：影响判断力的诸多因素 | 117
经验和资历是财富，但也可能误导你 | 118
被欲望填满的眼睛，如何看清前路 | 121
不因他人之言而轻易动摇 | 124
行动需要靠原则来指导 | 126
确立正确的择友标准 | 129

第8章 表情语言背后的含义 | 133
微表情透露你心中的潜台词 | 134
不同眼神分别代表什么心理活动 | 136
鼻子传达出的情绪信息 | 139
连续眨眼时的心理活动 | 142
嘴巴传达出的情绪信息 | 145

第9章 不同手势背后的含义 | 149
十指交叉有什么含义 | 150
小小手势传达出的心理信息 | 153
抓耳朵有什么含义 | 156
用手遮嘴表达的情绪 | 159
手指抚摸颈部的含义 | 162

第10章 躯体动作背后的含义 | 165
站姿暗含的内在情绪 | 166

从坐姿看一个人的心理活动 | 169
为什么有些人总会情不自禁地抖腿 | 173
叉腰意味着什么 | 176
绝望时的抱头动作是一种本能 | 178

第11章 心理分析在职场中的运用 | 181
找准时机，主动和上司沟通 | 182
学会解读客户的身体语言 | 185
这些小动作，可能会影响你的面试结果 | 188
观察考官，准确地表达自我 | 191
自如应对四类难相处的同事 | 194

第12章 心理分析在交际行为中的运用 | 199
日久见人心，也需要会心理分析 | 200
不同的打招呼方式表现不同的个性 | 203
不可不知的墨迹心理学 | 206
名片中透露着对方的性格 | 209
总喜欢坐在某个位置，意味着什么 | 212

参考文献 | 216

第1章

自我认知的心理分析：真正的我到底是怎样的

有这样一句名言：“先看清真实的自我，才能理解他人的心思。”那么，我们是否认识自己呢？比如，你喜欢在别人面前炫耀，总觉得生活没安全感，这是不是因为你在潜意识里有着不可诉说的心理呢？而这样的心理是你自己也从未发现过的。进行自我认知，慢慢去发现哪个是真正的自己。在本章里，虽然我们认知的对象是自己，但“当局者迷，旁观者清”，所以我们会以第三者的角度对自己的行为作心理分析。

你真的了解自己吗

肖曼·巴纳姆是一位著名的魔术师，他曾经这样评价自己的表演："我的节目之所以受欢迎，是因为节目里包含了每个人都喜欢的成分，所以，每一分钟都会有人上当受骗。"在现实生活中，我们既不能时刻反省自己、看清自己，也不能把自己放在局外人的位置来观察自己。在大多数时候，我们只能借助外界的一些信息来认识自己，所以，我们在认识自己时很容易受到外界信息的暗示，迷失在环境中，并习惯性地把他人的言行作为自己行动的参照。早在两千多年以前，古希腊人就把"认识你自己"刻在了阿波罗神庙的门柱上，但是，直到今天，我们也只能遗憾地说，"认识自己"仍离我们有一段遥远的距离，究其根本，这是因为我们并不了解最真实的自己。

爱因斯坦16岁那年，父亲给他讲了一个故事，正是这个故事改变了爱因斯坦的一生：

"昨天我与杰克去清扫南边的一个大烟囱，那烟囱需要踩着里面的钢筋踏梯才能进去。杰克走在前面，我在后面，我们俩抓着扶手一阶一阶地爬了上去；下来的时候，杰克依旧走在前面，我还是跟在后面。钻出烟囱后，我发现了一件奇怪的事情：杰克的后背、脸上全被烟囱里的烟灰蹭黑了，而我身上竟连一点烟灰也没有。我看见杰克的模样，心想我一定和他差不多，脸脏得像个小丑，于是，我到附近的小河里去洗了又洗。而杰克看见我全身干干净净，就以为自己和我一样，只简单地洗了洗手就上街了，结果，街上所有的人都笑破了肚子，他们以为杰克是个疯子。”

最后，父亲郑重地对爱因斯坦说：“其实，别人谁也不能做你的镜子，只有自己才是自己的镜子，拿别人做镜子，白痴或许会把自己照成天才的。”

我们之所以无法了解到真实的自我，大部分原因在于我们容易受外界信息的影响，诸如他人的言行等，在那些来自外界的信息的暗示下，我们就有可能出现自我知觉的偏差，就像爱因斯坦的父亲，看着杰克浑身很脏，就以为自己身上也很脏。因此，要想真正地看清自己，我们需要避免陷入别人眼光的谜团中，让自己成为自己的镜子。

有一个割草的孩子打电话给陈太太：“您需不需要割草工？”陈太太回答说：“不需要了，我已有了割草工。”这个孩子又说：“我会帮您拔掉花丛中的杂草。”陈太太回答说：“我的割草工也做了。”这个孩子又说：“我会帮您把草与走道的四周割齐。”陈太太说：“我请的那人已经做了，谢谢你，我不需要新的割草工人了。”孩子挂了电话，哥哥在旁边不解地问道：“你不是就在陈太太那儿割草打工吗？为什么还要打这个电话？”孩子带着得意的笑容说：“我只是想知道我做得有多好。”

孩子通过打电话向雇主询问一些关于自己的信息，得以进一步认清自己。大多数人难以拥有天生明智和审慎的判断力，实际上，判断力是在收集信息的基础上进行决策的能力，而信息对于判断有着不可忽视的作用。如果我们无法收集到一些关于自己的信息，就难以对自己作出明智的判断，以致最终不能看清自己。

当一个人的情绪低落、失意的时候，他就会对生活失去控制感，乃至他内心的安全感也会受到影响。这样一个缺乏安全感的人，其心理的依赖性将大大增强，比较容易受他人言行的信息暗示。所以，当别人说出一段无关痛痒的话时，他们很容易“对号入座”。其实，这就是一种心理倾向。在日常生活中，这种心理将妨碍我们对自己作出真实的判断。

心理小贴士

我们应该学会面对自己，不要因为自己有缺陷或者自认为有“缺陷”就试图通过自己的方法将缺陷掩盖起来，其实这是不明智的。试想，当你把自己的眼睛蒙上时，你就真的掩盖了自己的缺陷了吗？因此，无论是缺陷还是优点，我们都应该正确看待，面对自己是认识自己的必经之路。

你是否拥有自我认知的能力

朗费罗说："别人借我们过去所做的事来判断我们，然而，我们判断自己，则是凭将来能做些什么事。"心理学教授丹尼尔·吉尔伯特曾见过这样一个姑娘：衣衫不整、蒙头垢面，但长得很美。吉尔伯特教授跟她聊天，她也心不在焉，教授沉默了一会儿，突然问她："孩子，你难道不知道你是个非常漂亮、非常好的姑娘吗？""您说什么？"姑娘惊喜地问，美丽的大眼睛里泛着泪光。原来，在日常生活中，她所面对的是同学的嘲笑、母亲的谩骂，以致她失去了自我认知的能力。子曰："不患人之不知己，而患人之不己知。"对于每一个人来说，最大的问题就是不够了解自己、不能清楚地认知自己。因此，我们要善于剖析内心，让自己拥有自我认知的能力。

一个人名声的好坏、成就的高低，是由别人判断而来的，然而，自己真正的能力和本质，只有自己心里最清楚。而我们所缺乏的，就是自我认知的能力。只有清楚地认知了自己，才有可能获得成功的人生。然而，一个人最难认知的就是自己的内心，最难以回答的就是：我是谁？我想要的生活是什么？如果你清楚地认知了自己，你就能够在这个世界上找到最基本的出发点，就能够去善待他人。

年轻时候的富兰克林很自负。有一次，一个工友把富兰克林叫到一旁，大声对他说："富兰克林，像你这样是不行的！凡是别人与你意见不同的时候，你总是表现出一副强硬而自以为是的样子，你这种态度令人觉得难堪，以致别人懒得再听你的意见了。你的朋友们都觉得不同你在一起时比较自在，你好像无所不知、无所不晓。别人对你无话可讲了，他们都懒得来和你谈话，因为他们觉得自己费了力气反而感到不愉快。你以这种态度来和别人交往，不去虚心听取别人的见解，这样对你自己根本没有好处，这样你从别人那里根本学不到一点东西，但是实际上你现在所知道的很有限。”富兰克林听了工友的斥责，讪讪地说道：“我很惭愧，不过，我也很想有所长进。”“那么，你现在要明白的第一件事就是，你已经太蠢了，现在还是太蠢了！”这个工友说完就离开了。

这番话让富兰克林受到了打击，他猛然醒悟过来，开始重新认识自己，他与内心作了一次谈话，并提醒自己：“要马上行动起来！”后来，他逐渐克服了骄傲、自负的毛病，成为了著名的科学家、政治家和文学家。

我们需要拥有全面认识自己的能力，全面的认识既包括优点也包括缺点。一旦我们无法真正地认识自我，必将产生自负或自卑等心理，这些负面的心理最终会影响到我们一生的发展。

认知自我是一种胜不骄败不馁的从容，我们要冷静地思考，这样才有机会赢得最后的成功；认知自我是一种高度自立的洒脱的生活方式，看清生命的本真，才能创造出属于自己的人生价值；认知自我是一种高度责任心的反省，将勇气与真诚注入自己的言行中，才能认清前面的方向。所以，我们要经常剖析内心，在忙碌之后不忘与自己作一次深入的交谈，从而拥有自我认知的能力。

心理小贴士

通过认知自己到孕育自己，这是一个美好的人生历程。自我认知是一种严谨的人生态度，自信而不自满，无论是春风得意还是失败困惑，我们都要保持最平常的心态。拿破仑一生战功赫赫，却在晚年遭遇了“滑铁卢”的惨败，此时他依然贪恋富贵，企图复辟王朝，最终在绝望中死去。清楚地认知自己，需要我们摆脱一切对外物的依赖，绝不做金钱或权力的奴隶。

明知不对，为什么还是忍不住揭人隐私

在日常生活中，我们发现有很多人喜欢揭人隐私，他们以偷窥别人的私生活为乐，有的人甚至把别人的隐私当作茶余饭后的谈资，并且在谈论别人的隐私时禁不住神采飞扬。也许，没有人不喜欢听他人的隐私，所以报刊杂志才会乐于报道政治家、企业家、文体明星的新闻。人都有强烈的好奇心，特别是对他人不为人知的一面或者自己从来没有听到过的消息。别人越是想遮盖，他就越有一种掀开神秘面纱的强烈欲望，越想了解对方的隐私。之所以形成这样的心理，主要原因就是其内心强烈的嫉妒在作祟。

同一工作单位中的四五个同事聚在一起，他们谈论的话题总喜欢围绕同事的一些消息打转。在这种谈话场合，有的人扮演的是提供话题的角色，在大家面前揭露他人隐私；有的人则扮演听众的角色，对别人的隐私进行评论。于是，说闲话的条件便成立了。那么，这种揭人隐私提供话题的人与听众的心理动机到底何在呢？下面我们通过几个方面来分析一下：

1. 为了排解欲望得不到满足的心理郁闷

很多人愿意与几个同事一起谈论别人的隐私，大多是为了排解欲望得不到满足的心理郁闷。有可能因为是在自己工作中与上司的价值观产生差异，出现不同的想法和意见，而自己的意见未被采纳；也有可能是因为自己在工作中与某位同事出现了一点小摩擦，而自己一直记在内心。于是，这一类型的人心中感觉痛苦，异常烦闷，乃至提供这些话题。

当然，聪明的他们并不会把这种情形当作自己本身的问题，在揭露别人隐私的时候，他们也不会显露自己对当事人的任何看法，表面上看，他们只是把客观存在的事件叙述出来。他们会认为是全工作单位的人都对某位人物感到不满，所以自己有义务揭露他人的隐私，让大家的憎恨与攻击欲望得到满足。因此，他们往往会在言谈之中故意说一些刻薄的话，并希望听众能与自己站在同一立场上。

2. 基于嫉妒的心理

通常情况下，人们谈论的对象不是上司、部下，而是同事。因为这类话题容易得到上司的赏识，并且深受异性的欢迎。人们对自己的上司或者下属都不会产生嫉妒心理，唯有对可能成为自己对手的同事会产生一些嫉妒。他们千方百计打听对方的一些事情，只要发现一点能破坏对方形象的事情，就会大肆渲染。所以，他们提供的话题，内容往往是对象的私生活，以期破坏其形象，使自己心里获得一种满足感。而如果此时听众对这个对象也不怀好意，并对其私生活进行胡乱的批评，那么提供话题者的目的就更易达成。

3. 听众可以通过种种隐私掌握上司平常在工作单位里从不显露的一面

有时候，人们可以通过对上司隐私的谈论，掌握他不为人知的一面。从信息中，听众往往能看到上司与以往截然不同的形象。也许以前认为上司是个异常严厉的人，想不到听了他的有关传言才知道他原本很有人情味；也许平常看他说得天花乱坠，以为他有多么了不起，事实上他不过是个庸俗的人物。人们通过谈论他人不为人知的一面，感觉到自己又加深了对他的了解，那种感觉就好像突然知道了某种秘密，进而产生一种自豪感和满足感。

4. 对他人怀有敌意、羡慕他人、内心自卑等

打探别人私生活，并对他人的隐私或私生活进行评价的人，其实，不管是提供消息的人，还是听众，无非就是对对象怀有敌意、羡慕对象、内心自卑等。所以，他们能凑在一块，对他人的种种隐私谈得不亦乐乎。但一旦听众认为提供话题的人所说的内容与事实不符时，就会把这个人当作造谣生事的

人，并对传闻置之不理。

心理小贴士

其实，从心理学上来说，每一个人都有一种偷窥癖，只是每个人的兴趣程度不同而已。有的人善于克制自己的那种偷窥的欲望，对于别人不想说的秘密也不会到处打听；有的人虽然知道这是不对的，甚至是不道德的，但是他们就是克制不住内心的那种偷窥的欲望。多数人认为女性尤其喜欢在背后谈论别人的隐私，其实男性也不逊色。他们在下班后几个人聚在一起喝酒时，也会谈起工作单位中有关他人的隐私，一来这可使其缓解在工作单位中的紧张感；二来也可使其得到工作单位中得不到的情报。

对于我们自己内心深处的这种偷窥别人隐私的欲望，我们需要理性地克制，转移注意力。你有时间坐在办公室里聊天，还不如花点时间和精力去多学一些知识，这样不仅能显示自己不凡的涵养，而且有助于自己的事业发展。

为什么我们说话时喜欢比比划划

生活中，或许有些人没发现，自己在说话时喜欢指手画脚，并且所做出的动作幅度还挺大。在这里，我们可以以第三者的身份去看待这个行为。其实，有些人之所以喜欢指手画脚，是其内心强烈的好胜心的无意显露。他们总认为别人会听不懂自己的语言表达，于是希望依靠自己的手势来补充一些内容，但给人的感觉往往是不够理性、情绪容易激动。在有的场合，这种行为还会给人一种不礼貌的感觉。

有的人连打电话时都会夸张地指手画脚，明明看不到对方，却好像对方就在眼前似的，一个人拿着电话，指手画脚地讲得不亦乐乎。这一类型的人，一旦对一件事物热衷起来，就会不把其他的事放在眼里。此外，他们也是好胜心非常强的人，如果身边有强势对手出现，他们一定会使出浑身解数，绝不愿输给对方。

同时，这一类型的人在工作上大多相当有能力。他们个性积极，对自己想说的话、想做的事都能通过流畅的语言轻易地传达给他人，再加上他们拥有较强的说服能力，因此在一定程度上提高了其办事的成功率。在日常生活中，他们喜欢指手画脚，并且动作比较夸大，极富感染力，好像在演戏，因此周围的人很容易受他们的影响。而在工作职场或团体中，他们可以依靠自己的那种感染力和影响力带动他人和自己一起往前冲，是创造活跃气氛、使大家团结为一体的高手。

另外，这一类型的人，他们会在自己的工作中独当一面，也会在工作之余的其他方面表现出游刃有余的深厚功底。对于在什么场合说什么话、在什么场合做什么事情，他们都会拿捏得十分恰当。但是，这类人也有软肋，那就是在挫折和困难面前会变得十分脆弱，甚至会在重大的打击之下一蹶不振。所以，当他们感到十分失落的时候，对他们说一些鼓励的话是没有任何作用的。最佳的办法，就是给他们创造出一个新的环境，当他们身处一个全新的环境中时，他们自然会忘记前面的失败，而激发出内心的好胜心，从而振作起来。此外，他们也常常需要看一些励志性的书籍，借以鞭策自己，促使自己获得成功。

心理小贴士

一般来说，指手画脚动作幅度大的人感情比较丰富。这种人总是急于表达自己的情感、宣泄自己的情绪，而往往忽略了他人的感受，属于个性较为强势的人。正因为他们只考虑自己而忽视他人的感受，所以基本上是属于比较自私的个性。他们与那些身体僵硬、言行拘谨的人正好相反，这类人的行为举止和自己情感、情绪的表达有非常密切的关系。当他们的情绪处于高昂状态时，身体的动作便很自然地多了起来；当他们心中有不吐不快的事情时，手的动作也会不自觉地夸张起来。他们拥有较强的自主性，缺乏主见的人和他们在一起时，很有可能被其强势的气焰压制住。

环境究竟对人有多大的影响

在日常生活中，我们发现：同样的蔬菜在不同的水中浸泡一段时间后，再将它们分别煮熟，其味道是不一样的，这就是著名的泡菜效应。通过这个原理，我们可以知道，一个人在不同的环境里，由于长期的耳濡目染，其性格、气质、素质和思维方式等方面都会有明显的差别，这就是我们常说的“近朱者赤，近墨者黑”。泡菜效应，直接揭示了环境对人的成长的重要性。1979年诺贝尔物理学奖获得者温伯格曾说过：“我之所以获奖，是因为我们学校有一种人才共生效应。”经过调查发现，原来温伯格毕业的那一届有十多个人成为美国著名的物理学家。对此，温伯格坦言是学校的环境造就了自己的成功：“那时学校教物理的老师都特别棒，他们鼓励我们自由思考，作业很少，让我们学有余地。当时学校还有个科幻俱乐部，我们都是俱乐部的积极分子。”

希拉里早年在卫尔斯利女大读书，在那里聚集着全美成绩优秀的学生，但是，她们并不是全美学习最好的学生，学习最好的学生去了哈佛大学。刚刚进入卫尔斯利大学的希拉里产生了挫败感，自己一直到高中毕业都是周围人眼中的好学生，在学校备受瞩目，现在却“沦落”为无人理睬的普通学生。不过，希拉里并没有被挫败感击倒，她决定用哈佛学子的学习方法来武装自己，使自己成为卫尔斯利的第一名。

但是，哈佛学生一直以排外出名，其秘密学习俱乐部从来不接受外校的学生。于是，为了进入哈佛大学的秘密学习俱乐部，希拉里决定成为这个俱乐部成员的女朋友。过了一段时间，希拉里就成了哈佛大学三年级学生杰夫·希尔兹的女朋友，接着她又结识了男友的朋友，没过多久，她就成为男友所在的“哈佛书呆子俱乐部”的非正式成员。在与哈佛学生的相处过程中，希拉里学会了新的学习方法和辩论方法，正是这一段不同寻常的学习经历造就了希拉里日后的成功。

希拉里善于为自己创造一个良好的环境，她主动结识比自己更优秀的人，在泡菜效应的影响下，她获得了成功。当大多数女生都和与自己水平相近的朋友在一起对明星、男生、美食或者时尚津津乐道的时候，希拉里却在和哈佛高材生们就关于政治、理念、时事等各类深刻的问题展开激烈的讨论和辩论。因为所处的环境不一样，所以，她们所受到的影响也不一样，希拉里的特殊能力正是利用这个环境逐渐积累起来的。

一个生物学家在一家农场看见鸡群里有只老鹰，于是，他好奇地问主人："为什么鸟中之王会与鸡在一起呢？"主人说："因为我一直喂它鸡饲料，它从小就在鸡舍里长大，所以，它一直不想飞，而且它根本就不认为自己是一只老鹰了。"生物学家说："不过，它到底是一只老鹰啊，只要教它应该就会的。"经过一番商量，两人准备将老鹰放飞，第一天失败了，第二天失败了，第三天，生物学家将老鹰带到了山上，鼓励它说："你是一只老鹰，属于蓝天，张开翅膀飞翔吧！"奇迹出现了，老鹰慢慢张开了翅膀，冲向天际。

环境对人的成长具有不可抗拒的影响作用，有人更是提出了"人是环境之子"的观点。《晏子春秋》里曾说："橘生淮南则为橘，生于淮北则为枳。叶徒相似，其实味不同，所以然者何？水土异也。"其实，人也一样，很容易受到周边环境的影响。我们与什么人相处，就会沾染上什么样的习惯、品性，而这些行为特点将会影响我们的一生。因此，为了有效地认知自己，我们应该给自己创造一个良好的环境，努力从周围的环境中汲取营养，以提升自我。

心理小贴士

古人曰："近朱者赤，近墨者黑。"当我们接近品性好的人时，心中会不自觉地萌发出见贤思齐的想法；当我们接近品性坏的人，就很容易变坏。我们生活的环境就像是一个大染缸，很容易将形形色色的人同化在其中。当我们处于修心重德的环境中时，我们就会受到身边人的言行教化，自觉地约束自己，使自己的身心都得到不断的发展；相反，假如我们处在道德颓废的环境中，我们就会受到身边消极观念的影响，随波逐流。因此，要想认清自己，有效地提升自我，我们应该选择一个良好的环境，这样我们的心灵才能够得到升华。

你是否认同自己

心理学教授威廉·詹姆斯说："世界精神太忙碌于现实，太驰骛于外界，而不遑回到内心，转回自身，以徜徉自怡于自己原有的家园中。"世界上没有两个完全相同的人，每个人都是独立的个体，在我们身上有许多与众不同甚至优于别人的地方，这是值得每一个人骄傲的地方。我们没有理由总是欣赏别人，而忽略了自己的优点；没有理由一味地比较，而最终丢失了自我。有人说："生活中并不是缺少美，而是缺少发现美的眼睛。"认同自己，学会欣赏自己，你会发现一个全新的自己。

在某大学泰勒·本·沙哈尔教授的一堂课上，有个学生向沙哈尔提问道："请问老师，您是否知道您自己呢？"沙哈尔心想：是呀，我是否知道我自己呢？他回答说："嗯，我回去后一定要好好观察、思考、了解自己的个性和心灵。"

本·沙哈尔教授回到家里就拿来了一面镜子，仔细观察自己的外貌、表情，然后来分析自己。首先，沙哈尔看到了自己闪亮的秃顶，想："嗯，不错，莎士比亚就有个闪亮的秃顶。"随后，他看到了自己的鹰钩鼻，心想："嗯，大侦探福尔摩斯就有一个漂亮的鹰钩鼻，他可是世界级的侦探大师。"看到自己的大长脸，他就想："嗨！伟大的美国总统林肯就是一张大长脸。"看到自己的小矮个子，他就想："哈哈！拿破仑个子就很矮小，我也是同样矮小。"看到自己的一双大脚，他心想："呀，卓别林就是一双大脚！"

于是，第二天他这样告诉学生："古今国内外名人、伟人、聪明人的特点集于我一身，我是一个非同一般的人，我将前途无量。"

泰勒·本·沙哈尔教授善于欣赏自己，这令他对自己充满自信，虽然在别人看来他的长相并不出众，但是，经过一番积极的心理暗示，他发现自己身体的每个部分都与名人、伟人、智者扯上了关系，由此看来，自己肯定是一个前途无量的人。

尼采曾这样说："聪明的人只要能认识自己，便什么也不会失去。"只有学会欣赏自己，才能使自己充满自信，并从自信中获得快乐，使自己的人生不迷失方向。

有这样一句话："人活着，或许有不少人值得欣赏，但你最应该欣赏的是你自己。"波尔是丹麦的物理学家，他在年轻时就提出了量子论，然而，在一次科学讨论会上，权威们否定了波尔的理论，但这并没有使波尔失去信心，反而使他更加努力地研究起来。为了寻找理论根据，他做了大量的试验，后来，科学家们证明了波尔的观点，他因此荣获了诺贝尔奖。正所谓"天生我材必有用"，学会自我欣赏可以产生巨大的力量推动自己逐渐迈向成功，学会欣赏自己是成功的第一秘诀。

小泽征尔是世界著名的交响乐指挥家，他在还没有出名之前，曾参加过一次世界指挥家大赛。在决赛中，他按照评委会给出的乐谱指挥乐队演奏，在指挥过程中，小泽征尔敏锐地发现了不和谐的音符。刚开始，他以为是乐队的演奏出现了错误，于是，他停下来重新指挥，但是，演奏还是出现了不和谐的声音。他当即指出："我觉得乐谱有问题。"这时，所有在场的作曲家和评委会的权威人士都坚定地说："乐谱绝对没有问题。"面对着权威人士的否定，小泽征尔涨红了脸，但还是斩钉截铁地大声说："不！一定是乐谱错了！"他话音刚落，评委们全部站了起来，对他报以热烈的掌声，祝贺他通过了决赛。原来，乐谱不过是评委们精心设计的一个"圈套"，而小泽征尔则因坚定地认同自己而获得了最后的成功。

每个人都具有独一无二的价值，没有任何人能够取代我们，也没有任何人能够贬低我们，除非我们自己看轻了自己。有人总是叹息自己工作不如别人、外貌不够出众，因此不被老板赏识。其实，在生活中，我们没有必要太在乎别人的看法，学会欣赏自己，或许能够重新找回自信。“金无足赤，人无完人”，每个人都不可避免地会有一些缺陷或者伤痛，这个世界上没有完全相同的叶子，我们都是最特别的那一个。抛弃对他人的膜拜，以及对自己的叹息，冷静地思考，你会发现自己身上有着许多他人没有的特点，自己和他人一样优秀。所以，别人能力出众，又有什么值得羡慕的呢？

心理小贴士

曾有这样一句经典的话：“你站在桥面上看风景，看风景的人却在楼上看你。”当你一心羡慕别人的时候，别人却正在欣赏你，可谓“风景总是在别处”。在生活中，彼此的互相比较是不可避免的，但是，我们需要知道，自己既有缺点更有优点，因此，在欣赏别人的同时不要忽略了自己。欣赏自己是一种智慧，它会令你浑身上下散发出自信的魅力；欣赏自己是一种心理暗示，你把自己想象成什么样，你就真的会成为什么样的人。认同自己，学会欣赏自己，活出自己的价值，眺望远处的风景，准确把握自己的坐标，这才是人生的魅力所在！

第2章

日常行为的心理分析：他为什么会这样做

行为心理学是20世纪初起源于美国的一个心理学流派，它的创建人为美国心理学家华生。所谓行为心理学，也就是通过行为分析心理。通晓了这些知识，会让我们在日常生活中逐渐了解自己的内心，并帮助我们分析周围人的行为和个性。

为什么有人总爱爆粗口

我们在日常生活中各个场合，都会听见一些粗口，那些不堪入耳的话就这样顺势进入我们的耳中。其实，是否“喜欢”爆“粗口”，是和说话者本身的成长环境、家庭的潜移默化、个人的修养，以及内在和外在的文化素质是否协调统一分不开的。

很多人之所以喜欢爆“粗口”，有各方面的原因。有可能是因为习惯，有可能是一种愤怒的言语表达，有可能是源自素质的低下，有可能纯粹是为了某种心理上的满足，还有可能是出于游戏的心理。当然，不同的粗口有着不同的心理意义。

1. 出于习惯

在现实社会中，说“粗口”对于某一部分人来说是一种习惯，当然也与其个人素质有一定的关系。其实，有时候说“粗口”不一定等于读书少或者没教养。比如，很多淳朴的劳动人民，虽然经常说“粗口”，但是他们的心底是善良的。他们说的“粗口”已经融合进生活中了，成了一种习惯，成了表达他们喜怒哀乐的语言媒介。所以，这一部分人说“粗口”是一种习惯，就像是口头禅一样。在某种情况下，他们是不自觉地说粗口，对别人没有任何的实际意义。

2. 愤怒的表达

有人说："名人，斯文的人，在说到'小人'时已经无法用什么词来形容了。"因此，在这时候用"粗口"比较贴切。如大家都很熟悉的中国台湾名人李敖，读书非常多，可以说是"满腹经纶"，但是，在谈到中国台湾地区领导人里面的"小人"的时候，还是忍不住要讲"粗口"，听众对此的反应是"热烈鼓掌"，他们认为李敖说出了民众的心声。当然，生活中的李敖并不讲"粗口"。而有些说粗口的人，只是自制力不够，口不择言。

3. 为了发泄心中的不满

人们聚在一起——特别是很多男人聚在一起时，比较容易说一些"有伤大雅"的粗话，而他们尤其偏爱涉及禁忌的词汇，如"傻×"等与性行为有关的语言，或"放屁"等牵涉排泄物的词汇。在有些男人看来，好像只有说几句"粗口"才能体现男子汉的气概。其实，他们说粗口的主要原因是内心的欲望得不到满足。

现实中，有些人谈吐文雅、外表斯文，内心却是险恶、肮脏的。他们在平时的表现是彬彬有礼、恪守规矩，不轻易动怒；而在某些时候却喜欢口出秽言。他们之所以呈现出两面性，主要是因为心理某些方面存在着偏执。他们在平时就焦躁不安，内心有众多不满的情绪，却没有办法来发泄，所以，经过长年累月的积累，只要碰到偶发事件，一旦他们逮到机会，不论何时、何地、何人，他们一样照说不误。有时候，即使说话的人不是存心的，对听者来说，心里也会很不好受。这种因欲求得不到满足而产生的粗言恶语，说话的人在说出口的时候，并没有考虑到会带来哪些后果，至于是否会伤害到别人，他们更不会考虑到了。

4. 寻求心理上的平衡

如果从温文尔雅的女人口中说出一些不堪入耳的粗口，这是让人十分难以理解的。但是近几年来，女性亦毫不逊色于男人，也学会了爆粗口，甚至有的女人说的粗口比男人说的更露骨更难听。其实，这就好似妇女解放运动时期极典型的女性心理特征。如果我们站在女性的立场上看待这种现象，就会明白其心理动机是希望表现得像男人一样，寻求心理上的某种平衡。她们会想，“为什么男人可以说，而我们不能说”，于是，她们也像男人一样说粗口，以寻求一种与男人并驾齐驱的感觉。

5. 只是种游戏

我们在生活中不难发现，那些孩子——特别是男孩子，也爱说粗话。这是为什么呢？如果孩子们在父母面前说粗话，毫无疑问，一定会受到父母的训斥。所以，这时候粗话就只能变成孩子们和同伴在共同游戏时的用语。孩子们都知道“那种话”并没有恶意，只是一种游戏，而这种游戏可以满足他们顺利摆脱父母教训的逆反心理。在小伙伴面前自由地说“粗口”，甚至会让他们觉得自己也能像大人一样说话，自己看起来也像个大人。

心理小贴士

可见，所谓粗话，大多是为了发泄内心的不满，有的也是出于习惯，或是一种愤怒的表达，或是寻求某种心理平衡，一般来说并不具有特殊意义，同时又不会对大家的身体造成实际上的伤害。所以，除了那些想给你致命打击而事先在内心计划好的蓄意性言语外，对于别人的粗言恶语，最好充耳不闻。

经常说错话的人有着怎样的心理

一般情况下，当人们意识到自己说错话了，他们都会尽量为自己找一些借口，表示自己所说的那些言语是因为“不小心”，并“不是真心的”，但实际上，那不小心说错的话才是他们真正想说的。这种情况，可以说是屡见不鲜。由此，我们可以推断，那些常常会说错话的人，大部分是习惯隐藏真正的自己、是表里不一的人，而且，他们心中完全禁止自己把这些真心话说出来。但是，有时候，越想克制，越容易在不经意间随口说出。他们在说错话的那一瞬间，面部表情是极为不自然的，有些人还会马上作出补救，想挽回说出的话，怎奈越描越黑。这时候，我们就会明白，原来这是个说一套做一套的人。

心理学家弗洛伊德认为，说错、听错或者是写错等“错误行为”，都是将内心真正的愿望表现出来的行为。在日常生活中，相信每一个人都有过在无意识中说出奇怪的话的经历。当那些违背本意的话语脱口而出后，我们往往追悔莫及。但是，这时候，我们会发现，那些看似说错的话，实际上就是我们内心最真实的想法。所以，那些经常说错话的人，其实就是表里不一、说一套做一套的人。

我们在说话的时候，通常都有这样一些想法：“这件事绝对不能讲出来”“这事决不能弄错，非小心不可”。其实，当你越这么想的时候，你就越容易将它说出来。相信很多人在日常生活中也遇到过类似的情形，越是被禁止的东西，越想压抑它，就越容易流露出来。例如，某下议院院长，在宣告会议即将开始时，一不留神说成了“议会结束”。由于他知道这个议会顺利进展的困难度颇高，因此他在心中便存在着“希望会议尽早结束”的愿望；而他本人意识中清楚地知道议会一定要进行，但在潜意识里又有恐惧、不想面对的心理，两者互相矛盾、冲突，以至令他不经意间说出了错误的话。

心理小贴士

其实，在现实生活中，每个人都是善于隐藏自己的，而语言经常是被人们用来隐藏一些真实想法的媒介。有时候，人们在说话时，心中正在思考的是一个想法，准备说出口的却是另外一个想法；而当这两种矛盾的想法在内心作挣扎的时候，他们一不小心就会把心中的真实想法说出口。因此，如果在生活中碰到那些经常说错话的人，你就要小心了，他们极有可能是当面说一套、背后做一套的人，而那些说错的话才是他们内心真实的想法。

总而言之，每个人在心中都隐藏着一些真实想法，当你越想去隐瞒它、掩饰它的时候，就越容易说错话或做错事，往往于无意之间在别人面前泄露你的心事。

为什么有的人总是唠唠叨叨

在日常生活中，我们经常会碰到一些爱唠叨的人，他们经常会抱怨说这个没有做好、那件事情哪里又出了差错。从早到晚，他们的嘴巴似乎就没有休息过。他们总是对生活中的每一件事情进行挑剔，甚至是一些微不足道的小事。其实，这类爱唠叨的人都是追求完美的人，他们对生活中的每一个细节都苛求十全十美，见不得任何一点瑕疵。于是，当生活展现在他们面前的时候，他们会发现生活中有很多不如意的事情，由此生出一些抱怨、唠叨。

为什么有人特别喜欢唠叨、发牢骚呢？人生在世，不如意事十之八九，当他们遇到那些不如意的事情，自然会觉得有满腹的牢骚，由此开始不停地唠叨。我们不难发现，很多上班族喜欢在喝酒时发牢骚，有时候甚至唠叨个没完没了，一发不可收拾。他们大多会就生活、工作上的事情发牢骚："我们老板的脾气真差，恨不得我们的一言一行都按他的想法去做，事实上很多时候他明明知道自己是错的，还希望我们坚持下去。"或者："那家伙真是令人讨厌，既然没有做这件事的能力就早说嘛，现在将事情搞成这样子才来找我们，真是一点儿也不把我们放在眼里。"在他们心里，更希望生活能够按他们的想法来进行，这样才能够十全十美、完美无缺。

那些经常对生活充满抱怨、喜欢唠叨的人，大多是追求完美的人。他们凡事都要求高水平、高理想，并时常在脑海中描绘完美的蓝图。由于现实与理想之间存在差别，因此他们对现实生活充满抱怨，乃至于唠叨不断。一般来说，那些喜欢唠叨的人，通常希望自己能过上理想的生活，甚至成天沉迷于幻想的世界中，对于现实的问题则采取漠视的态度。

1. 有些自以为是

这些经常唠叨的人，在他们的心目中，总认为自己是最完美、不会出错的人。因此，在某种程度上说，这种类型的人非常难相处。他们总是充满自信地认为，自己的表现完美无缺，因此常会愤世嫉俗地想：那些人怎么总是这样，什么事情都做不好，做什么事情都不能够让我满意。其实，如果他们能够早一点认清事实，了解自己并不是十全十美的，他们就会对别人少一点苛求、少一点唠叨了。

2. 大多怀才不遇

在那些喜欢唠叨的人之中，很多都是怀才不遇的人。他们本身是很有能力的，但因为人际关系不好而被周围的人孤立，所以无法受到重用，无法取得更为长远的发展。而他们的人际关系差的主要原因也是他们喜欢唠叨。没有谁愿意听别人的唠叨，也没有人受得了整天唠叨的人。因此，当身边的人受不了他们的唠叨的时候，就会一个一个地离开，最后只剩下他们自己时，他们才发觉其实自己也并不是完美无瑕的人。

心理小贴士

其实，我们换个角度想，如果世界上没有这些爱唠叨的人存在，那么所有人都有可能安于现状、不求进步。正是因为有这些会唠叨、敢批评的人存在，才能让人们更加努力追求完美。例如，父母老是在我们耳边唠唠叨叨，如果没有他们的唠叨，我们就会在成长的路上多走一些弯路、少一些成功的机会。正是他们的唠叨，使我们避免了一些不必要的麻烦。因此，那些喜欢唠叨的人虽然显得有些啰唆，但在挑他人的毛病、找他人的缺点方面，他们拥有傲人的才能、敏锐的眼光，所以有时候你不妨侧耳倾听，或许会有意想不到的收获。

为什么有的人喜欢在喝醉时打电话

生活中，细心的人会发现，一些喝醉酒的人，常常会猛打电话，并且会在不适合打电话的时间打电话。这是什么原因呢？其实，这些人是希望能和更多的人交往、沟通，借以发泄内心的不满情绪。我们经常可以在夜晚的街道上看到一些醉汉漫无目的地闲逛，有时也可以看到他们无缘无故地骚扰行人，这些行为，无非是想表达自己的孤独而已。所以，那些醉酒后喜欢打电话的人，其实他们的内心是很孤独的，他们渴望得到别人的关怀。

酒醉后的人，经常会自以为想起了一件十分重要的事情，于是打电话给别人说一说，而且，对此时的他们来说，打电话是没有时间限制的。而接电话的人，却经常会被他们那些所谓的理由弄得哭笑不得，特别是半夜三更接到电话，更是令人感到不胜厌烦。那么，为什么会造成这样的情况呢？

1. 有些喝酒的人本身就是孤独的

其实，那些靠买醉来发泄不满情绪的人，本身就是孤独的。在生活中，如果遇到不如意的事情，大部分人完全可以自己进行调节或者是向朋友诉说。那些喝酒的人，希望靠酒精来麻醉自己，使自己忘记痛苦，他们的内心是极为孤独的。在醉酒之前，他们或许正和三五个朋友在一起喝酒，虽然身边的人很多，但心中的苦闷无处诉说，所以只好喝醉之后到处打电话，以发泄自己憋屈的情绪。

2. 渴望得到朋友的关怀

我们仔细观察这些人的举动就可知道，在喝醉酒时打电话的人需要他人的关怀，尤其是来自朋友或最为亲密的人的关怀。那些借酒麻醉自己的人，为了使自己身心得到解脱，摆脱所在群体给他带来的束缚，往往会做出深夜打电话以博取别人注意的行为。在这种情况下，他们只是为了发泄平常内心的不满情绪和苦闷烦恼，或者借机发泄平常和上司、同事间的不愉快。他们看起来好似无意识，其实他们心里有更为清晰的渴望，那就是获得朋友或亲密的人的安慰，所以他们的无礼举动多半都是针对自己关系亲密的朋友或亲人的。

日积月累的不满情绪和紧张心理，使得他们一旦脱离群体就会想方设法地进行释放。而这种感觉，平常是被压抑的，所以，当他们酒醉时，内心就想挣脱束缚。于是，为了消除内心的孤独感和郁闷情绪，他们渴望得到来自别人的一些关怀和注意力，所以便打电话给他们的朋友，这就是其行为产生的心理动机。

3. 非常识的行为

其实，喝醉酒打电话是一种“非常识的行为”，因为喝醉酒的人已经不具备与人交往应有的常识，所以才会在不适当的时候打电话，如深夜一两点。而且，他们会说些不同于平常的话语，例如，他们会说：“我现在正在喝酒，你给我马上过来，我会一直等到你来陪我为止……”

当你接到这种电话时，即便置之不理将电话挂断，对方也会坚持再打来，并且振振有词地说“你真是太不够意思了，对我一点儿都不关心”等一些令人厌恶的话。如果电话里还夹杂着吵闹等杂乱声，更会让接电话的人情绪恶劣。

心理小贴士

那些醉酒后猛打电话的人，其实他们的心态已经脱离了现实，他们有强烈的说话欲望，而接电话的人则会因为被打扰而显得不耐烦，两人当然话不投机。有些人认为，既然对方已经喝醉了，那么只要随便说些应付他的话敷衍过去就算了，这往往是一般人的处理方式。对好友喝酒时或酒后猛打电话的行为采取容忍的态度，照顾他并且亲切地宽慰他，这种做法其实极为不妥。因为，那些喝酒醉的人，一旦打开了话匣子，就无法停下来，他们会一直纠缠着你，没完没了。

绝大多数的人都生活在一定的团体或群体中，无法完全脱离群体，人们的一切行为都处于被限制的状态。而那些喝醉酒就猛打电话的人，他们的价值观和生活方式已经完全脱离了自己所在的团体和群里，因而行为比较异常，面对这样的人，最好的办法就是敬而远之。

为什么饭局上总有人喜欢请客

在日常生活中，我们经常会遇到这样一类人，他们喜欢请客，动不动就说“这次我请你们”，或者很豪爽地说“想吃点什么，随便点，今天我请客”。当他们表露出请客的欲望时，那种自豪感和满足感显得尤为突出。其实，每个人都希望自己拥有请客的经济能力，毕竟，只要自己有钱请客，就可以在朋友或同事面前显示自己有能力的一面。所以，大凡喜欢请客的人，都拥有一种强烈的自我满足欲望。

小李是公司里公认的慷慨人物，主要原因就是他经常请客。他在下班后，经常邀请一个办公室的同事们去吃饭或是到酒吧去玩。通常情况下，一般都是由小李买单。其实，大家一起出去吃喝玩乐，消费完全可以AA制，最初同事也都建议说费用大家平摊，但是，每当买单的时候，小李就特别热情地说："我来吧！今天玩得很高兴，我请客！"

久而久之，大家都习惯了，所以每一次出去玩都是小李一个人买单。有的同事见有便宜可占，便不再言语买单的事情，并且乐意享受这样的待遇；而有的同事感觉老是小李一个人买单显得自己很不如人，于是干脆在下次出去玩的时候找借口避开了。

而小李本人呢？其实也是有苦说不出。由于自己追求一种满足感、虚荣感，为了能在同事们面前表现得大方慷慨，自己不得不在日常开支中节省一点。

小李之所以特别爱请客，最主要的原因就是想获得一种满足感。对他来说，虽然用于请客的开销很大，但是，每次请客的时候，他还是对内心获得的那种满足感欲罢不能。他宁愿自己在平时节省一点，甚至勒紧裤腰带，也依然乐意请别人吃喝玩乐。

此外，我们还应观察那些被请客的一方。一般来说，被请客的一方通常有两种心理：一种是，别人请客，自己不用掏腰包，表面上是自己占了便宜，但是，让对方付钱，显得别人很有能力，一对比就很容易形成自卑感，反而不能痛快地享受；还有另一种被请客的心理，那就是认为别人请客让自己痛快享受是理所当然的，这种人大多都是不愿自掏腰包的吝啬鬼。此外，他们心里还有另一种思想在作怪，那就是从小形成的一种依赖别人的心理。

对于每个人来说，最早接触的人际关系便是与母亲的关系。我们每一个人都有向母亲撒娇的经验和权利，而这种依赖、撒娇的态度一旦固定成型，长大成人后在现实生活中也容易出现，有时就体现在接受别人请客的满足感中。而那些喜欢请客的人，虽然他们的立场是出于好意，是主动邀请对方一起吃饭，但其心态和接受自己好意的对方也是一样的——并不适当，这样一种心理与那些过度保护孩子的母亲的心理是非常相似的。

很多母亲会过度保护自己的孩子，甚至达到溺爱的程度，她们什么事情都替孩子做好。母亲之所以有这样的行为，是有原因的，她们主要是想通过这样的行为来满足自己的心理欲望。当母亲们还是孩子的时候，她们也受到了自己父母的呵护，那种受呵护的心理满足感一直伴随着她们，等到自己做了母亲，她们就会把自己的孩子当成满足自己欲望的对象。我们看见这样的母亲都不禁为她的母爱所感动，但是她的真实企图是通过过度保护孩子的方式来满足其心理欲望。而那些喜欢请客的人，和喜欢被人请客的人凑在一起，就如同过分保护孩子的母亲与向母亲撒娇的孩子一样，他们彼此各有所需，且分别都得到满足了。

心理小贴士

很多人特别爱请客，归根结底，他们是想从请客的过程中获得一种满足感。这种满足感可能是一种优越感、自豪感，可能是为了表示对朋友的谢意，可能是有事相求于朋友，也可能纯粹是为了增进朋友之间的感情。于是，他们乐意借着种种理由请客，使自己获得一种满足感。甚至有时候根本就不存在请客的理由，大家完全可以AA制消费，但他们就是喜欢付钱，而且坚决制止别人付钱。这时，如果有人表示拒绝，他们还会露出不高兴的神情，并责备说："你真是太见外、太客气了，我付还不等于你付啊，大家都是自己人！"从他们的表情和说话口气来看，他们真的不像是虚情假意，而是已经完全沉醉于请客所带给他们的满足感中。

所以，当我们看到那些其实身上并没有多少钱，却总想办法、找借口请客的人时，就应该清楚他们的心态处于一个怎么样的状态了，只要他们不是别有所图，你完全可以接受他们的好意。

为什么有人偏爱罐装食品

在生活中，很多人喜欢买罐装食品，他们在逛超市的时候，总是对那些罐装食品有兴趣，而不屑于那些散装的食品。他们的购物车里，总是塞满了罐装啤酒、盒装的牛奶、桶装的方便面，他们甚至宁愿吃盒饭也不愿意进餐馆。其实，这类人的防范意识很重，他们在心里对自己的生活有一定范围的认定，任何事物，一旦超出了他们生活的界限，他们就会不予理睬，不愿意去接受，而是坚持自己固定的想法。

我们经常发现，有些乘客会买一大堆罐装啤酒、果汁或盒饭入站乘火车。而他们对自己的这种行为有各种各样的理由，他们会说“这会比在车上买便宜”或“如果在途中想吃东西的时候怎么办，可以事先作些准备”。事实上，这类人的行为直接透露了他们较重的防范意识，他们的购买行为，潜藏着很多内在复杂的心理问题，大致可以分为以下三类：

1. 有过恐慌的经历

第一种是曾经有过恐慌经历的人，比如，他们曾经有过缺粮的经历，可能在以前经常担心第二天没有饭吃，并且这样的恐慌感是随时会出现的，尤其是在面对很多食物的时候。所以，为了寻求一种安全感，为了消除自己内心的那种随时出现的恐慌感，他们宁愿多买一些物品放在身边以防万一，而罐装食物的易于方便携带的特性，使得它是最恰当的选择。他们在外出时，会经常提醒自己防患于未然，这样便激发了他们的购买欲望。

2. 寻找安全感

第二种是离开家外出旅行的人。对这些人而言，家是一个可供居住的舒适场所，更是一个可以长久依赖的地方。而离开家外出旅游，会令他们有些无所适从，丧失内心的安全感。于是，他们想通过买一些罐装食品来重新获取一种安全感。这表明他们对于家以外的世界时刻怀着防范的心理。

家庭对每个人来说都是一个安全舒适的地方，是心灵的港湾。在心理上，人们依赖家庭的程度，就如同幼时依赖母亲的乳房。当你经过一天忙碌的工作，回到气氛温馨的家里，会立即获得一种较为稳定的安全感；如果一个人不能依靠家庭、不能依赖家庭，那么他就没有心灵上的归宿感，甚至感觉无法生存。所以，对人们而言，家庭是其可以获取安全感的地方，也是可以确认爱的地方。

而那些在火车站购买大量罐装的方便食品的人，本来已经过惯了家中舒适的生活，一旦离开家，就如同幼儿离开母亲的乳房般缺乏安全感。于是，他们极力寻求另外一种可以代替家庭的安全感，而购买大量的罐装食品正好可以给他们足够的安全感。他们会对旁边的人说："只要一旅行，我的食欲就特别好。"从这些话里，我们可以发现这种购买欲望其实源自"离开家庭"。

3. 满足自己的欲望

第三种是参加团体旅游或全家出外旅行时购买大量食物的行为。当我们出外游玩时，就等于离开了现实的严肃生活，可以让自己的心灵得到暂时的松懈、让自己获得一种愉快的心情。越是快乐的旅行，就越容易勾起人们的食欲。

心理小贴士

无论是从罐装食品本身还是从人们在购买那些方便食品的心理动机来看，我们都能够发现，喜欢购买罐装食品的人的防范意识比较重。除了他们自己设定的生活范围及家庭之外，他们对外界持有一种戒心，并努力通过一些外在的表现来获得一种安全感。

第3章

反常行为的心理分析：一个人身体中到底藏了多少种人格

生活中，我们在思考和做事时，都有一定的“常规”，比如，甜蜜的爱情更容易走入婚姻、睡觉时当然应该关灯、吃饱了就不会再吃、夫妻就应该睡一起……那么，为什么一些人会做出违背常理的行为呢？其实，这些反常行为的背后都有一定的心理原因，从心理角度分析这些行为，能帮助我们更好地了解人性的各个方面，也能帮助我们更好地应付生活中的一些心理问题。

恐怖片究竟有什么吸引人之处

宁宁是个文弱的女孩，最近，她被一家杂志社录用，在填写个人资料时，秘书小姐看到她在爱好一栏写了“看恐怖片”，不禁吓了一跳，一个这么柔弱的女孩怎么会有这么特殊的爱好呢?

宁宁告诉秘书，从上学时，她就有这个爱好了，尤其是在考试前，她每晚都会看着恐怖片入睡。而她看过的最震撼的恐怖片就是《午夜凶铃》——它曾以总收益3100万港币摘得1999年中国香港票房的桂冠。

其实，不仅是宁宁，现代社会中的很多人对恐怖片都有种难以抵抗的情结——它既让人望而却步，又让人欲罢不能。可能你在看恐怖片的时候有这样的行为：抱着枕头或者其他东西，看到惊险或者血腥的场面时，你会惊叫、害怕，但同时你的眼睛还是会盯着电视屏幕。

那么，为什么恐怖片会有这么大的魔力呢?

因为，人们在看恐怖片的时候，内心的情绪是压抑的、紧张的，而在观看完之后，心情就会突然放松了。这是为什么呢？因为它会让人产生一种劫后余生的感觉。无论该片有多么血腥和暴力，无论结局怎样，我们在日常生活中的种种不快与压抑的情绪都会得到宣泄。

也就是说，恐怖片的魔力就在于它能帮助人们减压。也许这正如人们说的，“看恐怖电影最快乐的时刻，也就是最恐惧的时刻。”

那么，从心理学上说，恐怖片是怎样通过心理暗示让观众感到心惊胆战的呢？

恐怖片中常常会出现黑暗、孤独、巨大的噪音等一些场景，而这些场景就是让我们产生恐惧心理的原因。

现在来假设一下，你被关进一个没有门窗的房间，里面漆黑一片，你会害怕吗？当然会！再坚强的人在黑暗之中也会产生恐惧心理。因为，处于黑暗之中，我们就失去了对自己和外界的掌控，我们会产生死亡的忧虑。

另外，孤独也会让我们感到恐惧。当处于孤独之中时，我们会逐渐质疑自己生存的意义。同样，一些比较特别的生存环境，如火山、冰川、高楼、沙漠、丛林和腐烂的物质（如尸体）等，也会让我们产生惧怕感。

再者，巨大的噪音也会刺激到我们的听觉系统，让我们产生恐惧，这就是为什么恐怖片中的音效总是与一般影片不同。

另外，我们的潜意识也会对那些不常见的物体（如蛇、血液、呕吐物等）产生排斥。

其实，不难发现，这些场景在生活中都是不常见的。从心理学的角度来讲，恐惧是一种有机体企图摆脱、逃避某种情景而又无能为力的情绪体验。

当我们找到了恐怖片的魔力之源之后，我们会产生另外一个疑问——遇到恐惧的问题时，我们怎么做呢?

的确，遇到问题时，我们会产生一些害怕的心理，但如果我们任其发展，那么，它就会影响到我们的生活、学习和工作，这就得不偿失了。很多时候，我们正是因为不必要的恐惧而对力所能及的事情望而却步。

因此，面对恐惧，请拿出看恐怖片的精神吧！具体来说，你需要做到：

首先，学会客观地评价自己，认识到自己的能力和潜力。

一般情况下，每个人都是根据他人对自己的评价和通过拿自己与他人比较来认识自己的长处和短处的。有的人，在与他人比较的过程中，多习惯用自己的短处与他人的长处相比较，结果，越比较越觉得自己不如人，越比较越泄气。他们只看到自己的不足，而忽视自己的长处，久而久之就会产生自卑感。

诚然，我们不能高估自己，但我们也不必妄自菲薄，当我们面对自认为无法完成的事情时，我们的能力可能暂时不够，但我们可以借助别人的力量来完成。

而在潜力方面，我们更要学会培养自己和挖掘自己。即使你遇到的是你从未涉猎的领域，也请你不要泄气，要尝试着去适应——连看都没看过的东西，我们又怎么能够要求自己在此领域有所建树呢?

其次，告诉自己“我能行”。

一个人的“认为”，就是心里对自己说的话。说自己不行的人，爱对自己说丧气话，遇到困难和挫折时，他们总是为自己寻找退却的借口，这些话正是自己打败自己的最强有力的武器。说自己行的人，在积极心态的支配下，不论遇上什么困难和挫折，都能坚持到底、永不放弃。

心理小贴士

生活中，我们总有数不清的畏惧，如果我们选择退缩和逃避，那么，我们最终会离人生的正确道路越来越远。所以，我们一定要找到那个勇敢的自己，告诉自己“我一定行”。

为什么有些人睡觉时喜欢开着灯

奇奇18岁了，刚上大学的他和同学相处融洽，但就是有一点，他晚上睡觉不敢关灯，到了熄灯时间，他便打开手电筒。就这样，他打扰了室友们的休息，以致他不得不回家住。父亲意识到儿子的睡眠障碍需要调整，于是，他强制儿子晚上去地下室，谁知道，奇奇竟然昏倒在地下室。

后来，父亲不得不带儿子去看心理医生，在医生的鼓励下，奇奇说出了自己的心里话。原来，在他很小的时候，有一次，他和邻居家的小朋友一起玩，对方给他讲了一个鬼故事。

这个故事说的是一个巨人专门吃十岁以下的小孩子的心，还会喝他们的血、挖他们的眼。听完故事后，他满怀恐惧，蹒跚回家。

过了几天，他和几个小伙伴从游戏厅出来后各自回家，在经过一条没有灯的巷子时，他发现一直有个巨大的身影跟着自己，他吓出一身冷汗，还没走出巷子，就已经晕倒了。醒来时，他已经在家了，他问父亲："我的心还在不在？"当时，他的父亲没有留意孩子为什么会这样问，只觉得好笑。

再后来，他听说，某家住宅的地下室，一对男女做了丑事，被人发现，结果女的羞愤自杀。不道德的行为和罪恶的感觉以及黑暗、地下室连在一起，使他产生了对黑暗的恐惧。

故事中的奇奇之所以不敢关灯睡觉，其实是因为他患了开灯睡眠癖。开灯睡眠癖是指在夜晚睡觉时必须开灯，且在睡眠状态下也不能熄灯，已形成身心对灯光的依赖的一种不良心理嗜好。

开灯睡眠癖的病理实质是对黑暗的恐惧。这种对黑暗的恐惧大半是从幼年期开始的。因为，在此期间，儿童们最爱听有关鬼、神的故事，而通常来说，这类故事的背景、内容及人物的出现，又常常是在晚间或平常人所看不到的黑暗中，以渲染其神秘性。久而久之，在孩子们幼小的心里，便形成了一种心理定式，那就是妖魔鬼怪都是出现在黑暗中的，进而形成对灯光的依赖，以致不敢关灯睡觉，这是形成开灯睡眠癖的一个主要原因。另外，在某一黑暗的情境中意外遭遇到可怕的事情，或在黑夜做了一个噩梦，这些恐怖的经历未能及时排遣，也可能造成对黑暗的恐惧。

那么，对开灯睡眠癖该怎么矫治呢？

1. 可采用认知领悟疗法

对患者进行辩证唯物主义和无神论的教育，从而让他认识到世界上是不存在所谓的妖魔鬼怪的，所谓的妖魔鬼怪不过是神话而已。

以上例中的故事来说，父亲可以告诉奇奇，他在黑暗的巷子里遇到的巨大的身影并不是鬼怪，而是人的影子在灯光下放大后的结果。另外，家人可以帮助他重新上演当天晚上的情景，从而帮助他从潜意识里逐步消除恐惧。

2. 系统脱敏疗法

根据患者对黑暗的恐惧程度，建立一个恐怖等级表，然后按照从轻到重的顺序，依次进行系统脱敏训练，不断强化，直到能关灯睡眠为止。

例如，对上例患者，先由数人一起关灯谈话，到数人一起关灯静坐，再到二人一起关灯睡觉，再到一人关灯静坐，最后一人关灯睡觉。

心理小贴士

对于开灯睡觉，很多人认为这只是个很平常的生活习惯；但是，如果一个人晚上睡觉必须一直开灯才可以，那就是心理疾病了，即开灯睡眠癖。

电视剧一般的浪漫爱情，为什么却以分手告终

小燕和阿飞是大学同学，他们同时就读于艺术系。小燕的家庭环境比较好，从小被父母捧在手心里；而阿飞则来自农村，父母都是农民，但这并没有让他觉得自己不如人，相反，他用自信和细心打动了小燕。

阿飞很善于制造浪漫，在读大二的一个晚上，他用一个多星期的生活费买了漂亮的玫瑰花和蜡烛，在小燕的宿舍楼底下摆成了“I LOVE YOU”，然后深情地对楼上的小燕唱《对面的女孩看过来》，接着就是一番表白。这样的爱情攻势小燕哪里能抵挡得住，当天晚上，小燕就答应了阿飞的表白。

时间总是过得那么快，他们毕业了。他们在上海租起了房子，开始为柴米油盐担忧。阿飞再也没有精力去制造浪漫了，而小燕则还是和以前一样，还是希望阿飞能经常给自己制造浪漫。她开始抱怨阿飞不爱她了，阿飞则只是淡淡地回答：“你多想了。”后来，小燕喜欢上了上海的夜生活，她总是醉醺醺地回家；再后来，她开始夜不归宿。阿飞明白，即使自己再爱小燕，他们也回不到从前了。

毕业后半年，小燕离开阿飞去了北京；而阿飞则留在了上海，过着他平淡的生活。

其实，无论是男孩还是女孩，都希望自己的爱情是浪漫的。正如故事中的阿飞和小燕一样，在没有现实生活的压力时，他们的浪漫爱情看起来那么甜蜜。但是，爱情如果经不住

柴米油盐的考验，最终只能夭折。因此，我们常常听人们说，“越是浪漫的爱情，越是死得快”。

在恋爱中，浪漫确实能让人们更真切地感受到对方对自己的爱，但浪漫是需要代价的，首先需要我们考虑的就是现实的因素。制造浪漫一定要以现实生活为前提，吃不饱穿不暖的情况下又何来浪漫？有句名言说“浪漫就是慢慢地浪费”，不得不承认的是，大多数浪漫爱情的背后，都隐藏着高昂的经济成本。故事中的小燕想要的浪漫，已经让阿飞无力承担了，这也是导致他们走向不同的人生轨迹的原因之一。

也就是说，在基本生活得到保障的前提下，偶尔制造一下浪漫，可以调节爱情与婚姻生活，为枯燥的生活增添一些色彩，让你的爱人更爱你。但如果你不考虑双方的生活情况，希望每天的生活都充满惊喜，那么，你就太贪心了。

在很多人眼里，所谓的浪漫必须和高贵的服装、精美的食品以及重金打造的约会氛围相关联，而实际上，这是一种错误的想法。浪漫是一种情感，而不是一种硬性规定，当你能赋予它属于自己的含义时，你就会明白什么是真正的浪漫。比如，对于一对婚龄很长的夫妇来说，偶尔的一封情书就是浪漫，餐桌上互相夹菜也是浪漫，甚至相拥而睡时的一句“晚安”也是一种浪漫。

因此，我们可以说，刻意追求浪漫的爱情是不能长久的。任何爱情，只有经得起平淡的流年、经得起时间的考验，才能修成正果，愈久弥香。

心理小贴士

爱情与婚姻中，无论是男人还是女人，都希望自己的伴侣能为自己制造浪漫。诚然，浪漫能调节枯燥的生活，让爱情富有新鲜感，但是，一味地苛求浪漫，会让对方产生负重感。因此，对待浪漫，我们最好抱着“把它当奢侈品”的态度，不可强求。

吃东西会让人上瘾吗

生活中，我们每个人都需要吃饭，以维持正常的生理需要，这就是人们常说的“人是铁，饭是钢”。然而，如果我们不加节制地饮食，就有可能危及我们的身心健康。的确，就是有这样一些人，他们总是无法控制自己，常常暴饮暴食，总要吃到自己受不了了为止。其实，这些人之所以会有吃东西上瘾的表现，是因为他们患了暴食症。

欣欣今年20岁，刚上大三，中学阶段的欣欣曾经被全班同学公认为班花，而如今的欣欣却成了人家背后笑话的“小胖妹”。这到底是怎么回事呢?

上大一那年，欣欣喜欢上了班上的才子天鸿，他总是在欣欣面前高谈阔论，让欣欣崇拜不已，两人很快坠入了情网。

然而，就在大一暑假结束后，欣欣发现，天鸿居然和隔壁班的美女晴晴好了，这让欣欣很痛苦。她发现，无论是身材还是面貌，晴晴都比自己好很多，于是欣欣暗暗下决心，一定要减肥，只要自己能更瘦一点，一定能重新赢回天鸿的心。

可是，每天只吃一点蔬菜和水果，这种日子实在太难熬了。不久，欣欣发现了一种既可以吃到美食又不会长胖的方法——吃完后抠喉，这样，吃下去的东西就不会被完全消化。虽然刚开始有点难受，但她很快就习惯了这种饮食方法。但是令欣欣没有想到的是，由于有吃不胖的心理，她吃得越来越多，每天她都会买各种零食放在身边，她的嘴根本无法停止。

现在，欣欣由以前的一百斤变成了一百六十斤，她每次抠喉都很痛苦，有时候还会导致胃出血，但她就是控制不住自己。

故事中的欣欣之所以会无法控制饮食，就是因为她患了暴食症，这种饮食障碍多半会发生在二十多岁的爱美的女孩身上。

暴食症在医学上属于进食障碍的一种，被称为“神经性贪食症”，神经性贪食症是这样被定义的：不可控制地多食、暴食。患者极度怕胖，对自我之评价常受身材及体重变化的影响；经常在深夜、独处或无聊、沮丧和愤怒之情境下引发暴食行为，无法自制，直到腹胀难受才罢休；暴食后虽暂时得到满足，但随之而来的罪恶感、自责及失控之焦虑感又促使其利用不当方式（如催吐、滥用泻剂、利尿剂、节食或过度剧烈运动）来清除已吃进去的食物。

那么，暴食症如何治疗呢？

治疗暴食症不像治疗感冒一样吃个药、过一段时间就好了。它像戒酒一样，需要持续的努力与警觉。

第一，建立正确的饮食及体重认知之观念。

第二，要求患者填饮食日志——包括进食内容、地点及情境，以了解饮食形态和暴食情形。

第三，养成三正餐定时定量的习惯。

第四，准备低热量的食物以取代高热量食物。

第五，避免患者独自进食，并做到进食时不做其他事情如看电视。

第六，可利用其他方法转移非进食时间想吃东西的欲望，如运动、聊天等。

当然，如果暴食症不是很严重，可以试着自我调整，如多调整自己的不快情绪、多消除自己的心理压力等，这对暴食症的调整会有很大的帮助。

下面是专家的一些建议：

（1）家人、朋友应该对患者给予关爱、给予理解与帮助。当得到家人、朋友的鼓励支持时，患者的精神力量会很强大。

（2）找些支持你的朋友一起活动，他们能帮助你消磨时间。

（3）必须明白治疗暴食症和减肥的先后顺序，先解决暴食再谈减肥。

（4）在新的环境中，人对食物的欲望会小点，有条件的可以试试更换一个环境。

（5）减肥、治疗都需要一个目标，那是精神的寄托。指定一个目标很有必要。比如，今天表现很棒，给自己增加一面小红旗、一朵小红花，以激励自己继续努力下去。

（6）打分法。

吃到八分饱时，正是那种食欲最旺盛的时候被满足的感觉，快感打10分；

吃到十分饱时，就基本没有什么欲望了，快感只有8分；

吃到十二分饱时，有点腻了，快感打2分；

吃到十五分饱时，真腻，快感打0分；

吃到二十分饱时，基本只有痛苦和变态的心理，快感打-10分。

（7）如果确实忍不了，那只好选择一些低糖低油的或者无糖型的食物。

心理小贴士

暴食症患者往往低自尊，所以，一有压力，他们就容易感受到焦虑，进而习惯性地用食物来发泄。而无节制的饮食又让他们无法控制自己的体型，进而陷入一种情绪的恶性循环中。所以，要治疗暴食症，提升个体的自尊是一个根本的工作，但这也是最难的部分。

“鬼压床”究竟是什么

这天早上，小樱心有余悸地走进办公室，对同事们说：“不得了了，我快死了。”

“瞎说什么，你不是好好地站在这儿吗？”

“我觉得自己好像得了怪病，昨天晚上，我清晰地感觉到自己好像醒了，却不能动弹，我想叫醒旁边睡着的老公，却开不了口。我告诉自己，一定要醒过来，醒不过来就要死了，直到今天早上，我才被老公喊醒，我的手脚也能活动。我打算今天去医院看看，唉，吓死我了。”小樱很激动地说。

这时，办公室的李大姐告诉小樱：“这是鬼压床，我以前也有过，去庙里烧点香吧，也许你沾了什么不干净的东西。”

生活中，可能很多人都和小樱一样经历过“鬼压床”，这种现象给很多人带来了心理恐惧。那么，到底什么是“鬼压床”呢？“鬼压床”到底是灵异事件还是心理原因造成的呢？

“鬼压床”在午休和晚间睡眠时都可能发生。其实，这种情形跟鬼怪根本无关，在医学上有一个正规的学名叫睡眠瘫痪症。

睡眠瘫痪症通常发生在刚入睡或是将醒未醒时，患者觉得自己已醒过来，可以听见周遭的声音及看到周遭的影像，但是身体动弹不得，也发不出声音来，有时还会伴有幻觉。多数人在这个时候会觉得恐慌，所幸多半会在几分钟内慢慢地或突然地恢复肢体的动作。发作当时的恐慌感觉，使很多人在醒来之后觉得害怕，认为是被什么不明物体压制所造成，所以才会有“鬼压床”的说法。

科学家已经确定此种症状与生活压力有关，多发于年轻人。此类人群通常生活压力过大，作息时间不规律，经常熬夜、失眠以及焦虑，这些都可能是造成睡眠瘫痪症的原因。

此外，发作性睡病的患者，常发生“鬼压床”的状况。发作性睡病是一种病因不清的综合征，其特点是伴有异常的睡眠倾向，包括白天过度嗜睡、夜间睡眠不安和病理性REM睡眠。这种原因不明的睡眠障碍，主要表现为长期的警醒程度减退和发作性的不可抗拒的睡眠。大多数患者伴有一种或数种其他症状，包括猝倒症、睡瘫症和入睡性幻觉，故又称为发作性睡眠四联症。

如果你出现了睡眠瘫痪的症状，可以通过以下方式快速恢复你的肌肉张力：

首先，快速转动你的眼球，让眼球做圆周运动，让它们上下左右地运动。其次，眨眼，收缩你嘴周围的肌肉，移动你的下颚和舌头，当肌肉张力开始出现时，移动你的脖子、肩、手、手指、腿、脚踝和脚趾。最后，坐起来动动所有的肌肉。

为了避免出现“鬼压床”的情况，在睡觉时，你最好注意以下几点：

（1）忌临睡前饮食：如果临睡前吃东西，肠胃等又要忙碌起来，这样不仅会加重它们的负担，也会令身体其他部分无法得到良好休息，不但影响入睡，还有损健康。

（2）忌睡前用脑过度：临睡前做些较轻松的事，使脑子放松，这样便容易入睡。否则，大脑处于兴奋状态，即使躺在床上也难以入睡，时间长了，还容易失眠。

（3）忌睡前情绪激动：人的喜怒哀乐都容易引起神经中枢的兴奋或紊乱，使人难以入睡，甚至造成失眠症。

（4）忌睡前说话：因为说话容易使大脑兴奋、思想活跃，以致影响睡眠。

（5）忌睡前饮浓茶、喝咖啡：浓茶、咖啡属刺激性饮料，含有能使人精神处于亢奋状态的咖啡因等物质，睡前喝了易造成入睡困难。

（6）忌久卧不起：中医认为“久卧伤气”，睡眠太多会出现头昏无力、精神萎靡、食欲减退等症状。

（7）忌当风而睡：房间要保持空气流通，但不要让风直接吹到身上。时间长了，冷空气就会从毛细管侵入，引起感冒、风寒等疾病。

心理小贴士

据美国研究报告，有40%～50%的人，在一生当中至少会经历一次睡眠神经瘫痪（“鬼压床”），人数比例不算低，所以，当你遇到“鬼压床”后，大可不必焦虑不安，也不必去找所谓的高人解厄运。明白了睡眠的真相，便可高枕无忧。

为什么逆境之中的爱情更加炽热

一般来说，逆境中的爱情之火更为炽烈。因为，在逆境中，彼此把对方当成了唯一的依靠，这样的感情会比平平淡淡的爱情来得炽烈、来得疯狂。中国古代，有七仙女与董永的爱情神话；有三圣母私自下界与一介书生成亲、后被压在山下，沉香劈山救母的美丽传说。无论是在哪个时代，能够被人称颂的爱情，大多都是在逆境中的爱情。那些逆境，或许是源自父母的反对；或许是源自人鬼殊途；或许是源自世俗的不容忍；或许是源自家族的过节。有时候，那些在逆境中的爱情可能并没有坚守到最后，但是，那种惊世骇俗的爱情，依然是人们最羡慕的情感。

只有在逆境中，人们才会觉得爱情是伟大的。它可以让人冲破世俗的观念，以强大的支撑力去面对外界异样的眼光；它会让人不惜与养育自己、和自己有深厚感情的父母反目；它可以让人倾其所有地来拯救、守护它。在逆境中的两个人，因为共同承受着一切压力和抵触，所以他们的心靠得特别近，他们在逆境中学会“相濡以沫”，他们在逆境中互相鼓励。虽然有时候他们会觉得看不到未来，但是他们坚信，心中有爱就有希望。所以，逆境中的爱情表现得更为炽烈。有时候，你的感情本来是平淡的，这时，若突然面临来自你父母的反对，会让你的爱情陷入逆境，虽然这在一定程度上会增加你与爱人的心理压力，但是你会发现，那种周围充满反对的声音的爱情，让你倍加珍惜，也倍感炽烈。古今中外那些被人们传颂的爱情，无一不是在逆境中的爱情，如梁山伯与祝英台的爱情。

英台女扮男装，远去杭州求学。途中，邂逅了同去杭州求学的书生梁山伯，他们两人一见如故，相谈甚欢，在草桥亭上撮土为香，义结金兰。没过几天，二人就来到杭州城的万松书院，拜师入学。从此，两人同窗共读，形影不离。梁山伯与祝英台同窗三年，情深似海。英台深深地爱上了山伯，但山伯始终不知道祝英台是一位女子，只是念及兄弟之情，并没有特别的感受。祝员外思念女儿了，就写信来催祝英台回家，英台只得急急忙忙回乡。临走的时候，两人依依不舍。在送别途中，英台不断借物抚意，暗示爱意。山伯忠厚淳朴，看不透其中缘故。英台无奈之下，就谎称自己家中有个妹妹，品貌与自己非常相似，自己愿意替山伯做这个媒人。

可是，到了提亲的日子，梁山伯因为家里贫穷，没有能够按约定的日期到达，等到山伯去祝家求婚时，才知道祝父已将英台许配给太守之子马文才。美满姻缘，已成沧影。于是两人楼台相会，泪眼相向，凄然而别。临别时，两人立下誓言：生不能同衾，死也要同穴！

后来梁山伯忧郁成疾，不久便身亡了。英台听闻噩耗，誓以身殉。英台被迫出嫁的那天，绕道去梁山伯墓前祭奠。英台之哀感天动地，一时间，风雨雷电大作，坟墓开裂，英台翩然跃入坟中，墓复合拢，风停雨霁，彩虹高悬，梁祝化为蝴蝶，在人间蹁跹飞舞。

好一个“生不能同衾，死也要同穴”，梁山伯与祝英台的凄美爱情，至今被人们所称颂。爱情越是在逆境之中，越能绽放出耀眼的光彩。比如，莎翁笔下的朱丽叶与罗密欧，在一片反对的声音中，他们相爱了，且爱得如此炽烈，以致最后因为爱而双双殉情，书写了最悲壮的爱情。

心理小贴士

有时候，平淡的爱情让人看不出它的伟大，因为它只是隐藏在一个眼神、一个动作、一句话里面，以致人们都忽视了它的存在。而一旦爱情跨进了逆境中，人们就会用更多的行动和语言来表现、维护、挽救爱情。在逆境中的爱情，显得神圣而又伟大。

第4章

性格情绪的心理分析：看懂各种“奇奇怪怪”

生活中，我们每个人都有情绪，而且这些情绪都很复杂，每时每刻都在发生变化，快乐、激动、悲伤、恐惧、愤怒、嫉妒等都可能随时影响我们的心境。事实上，这些情绪都是正常的人应该有的，也是有一定的心理原因的。对于那些坏情绪，我们只有找到它们产生的原因，找到正确的宣泄这些情绪的方法，才能将它们转化为自己所需。

到底是什么放大了你的痛苦

一位农夫在收鸡蛋时，不小心打破了一个，他想：一个鸡蛋经孵化后就可变成一只小鸡，小鸡长大后成了母鸡，母鸡又可以下很多蛋，蛋又可以孵化很多母鸡。最后农夫大叫一声："天啊！我失去了一个养鸡场。"

这农夫看起来着实有点可笑，然而，在现实生活中，像农夫这样的人大有人在。

比如，夫妻二人，在亲朋好友的祝福下走入婚姻的殿堂，两个人难免有磕磕碰碰的时候，拌几句嘴也属正常。可偏偏有人钻了牛角尖，将拌嘴升级为打斗，对本来可亲可爱的人露出了凶恶面孔，即使战火息止，也难免伤了感情……

刚上学的孩子学习速度慢，几个星期下来，大字不识几个。看着自己的孩子不如别人家的聪明，想想他今后糟糕的学习成绩，一直想下去，那上大学肯定有问题，上不成大学，哪里来的好工作——父母亲便如热锅上的蚂蚁坐立不安。父母对孩子没有了好声气，夫妇之间也少不了要互相抱怨……面对如此让人烦心的问题，再坚强的心也会被击垮。但这样的父母也未免太有“远见”了。孩子还小，理解力有限，也许一个偶然的提示就能让他转过弯来；而且，初中成绩差，上高中突然成了优等生的事例也不少。

再比如，人到老年，容易瞎琢磨，会“想象”出很多痛苦。如退休金没人家多；住房没人家宽敞；孩子的工作没人家的好……放大痛苦，结果是有百害而无一利。

在朋友面前说错了一句话，你后悔万分，陷入深深的自责中，担心朋友从此对你有看法；你工作很努力，但评优晋升没你的份儿，于是闷闷不乐，总感觉上天如此不公；亲人突遭不幸，你感觉天像塌下来一样，自己被巨大的痛苦包围，无法呼吸，甚至无法再生活下去……

我们总觉得活得很累，我们总有宣泄不完的痛苦，这是为什么？原因很多，而其中之一肯定是我们常犯的一种错误——放大痛苦。而我们之所以会放大痛苦，也是有一定的心理原因的，那就是太在乎别人对我们的看法，我们认为这个世界以“我”为中心，所以常常把失败扩大。我们常常因为小小的事情而觉得自己罪大恶极，整日愁眉苦脸。带着这样的坏情绪生活，我们又怎么能快乐起来呢？

“我只是一粒沙子。”当你苦恼的时候，不妨用这句话安慰自己。是的，我们没那么重要，无论遇到什么，其实都没什么大不了的。对于宇宙来说，我们不过是沙漠中的一粒沙子，何必要把自己的苦处放大？

在面临不幸的时候，如果一味地放大痛苦，问题就会越来越糟；如果辩证地想一想，也许就豁然开朗了。

任何人都难免失误，正确面对失误，把失误局限化，并积极寻求解决和弥补的办法，才是我们应有的生活态度。

卢梭说过："除了身体的痛苦和良心的责备以外，一切痛苦都是想象出来的。"俗话说得好：生活像面镜子，你哭它就哭，你笑它就笑。让我们生活中的笑更多些，千万不要放大痛苦。

生命仿佛是一个神秘的原始森林，我们谁也不知前方是什么，只能不停地追求、探索。挫折就是森林中的野兽，不知什么时候就会侵占你的领土。痛苦是心灵中的一株野草，在挫折"光顾"你的领土时，若是任由痛苦过度繁殖，它就会夺走你心中的阳光、水和空气，你心中的快乐、希望、幸福就会消失。

因此，当下一次遭遇挫折时，我们应该告诉自己：不要放大痛苦！

心理小贴士

绝大多数人都背负了过重的忧愁和苦痛，我们常轻易地把自己放进痛苦之中。当你苦恼之时，到外面走一走，把自己摆在大山大水之间，想象自己是一粒沙子，发现自己的微不足道，让痛苦褪去夸大的外衣，还原成本来的样子。很快，你就又能听到内心的声音、找到应该走的路了。

为什么有的人容易冲动

有一天，她和老公去购物，两人走进一家裤行。她走近一位售货员问："有靴裤吗？"没想到售货员不耐烦地说："长靴还是短靴？"

"长靴。""中间一排。"她看了看，看中一条条绒布料的，刚要伸手去拿，从背后传来了叫喊声："别拽别拽。"她停了下来，这时，那个售货员正在给另一位顾客拿裤子，并牢骚满腹："烦死我了。"随后心不在焉地对她说："哪条？"一见那架势，她着实有点儿生气了，但她深呼吸了一下，还是忍住了，心想，不值得计较，算了，不买了。她迅速走向门口，丈夫正在那儿等她。正好，店主人也在门口，看见了刚才发生的一幕便找了另一位售货员为她服务。这个服务员对她说："你可真是海量啊，去她那儿买衣服的人，一般没有不和她吵架的，你的修养可真是少见。"她一听，倒也挺开心。

我们不得不佩服故事中的女主人公的脾气。其实，本应该如此，何必生气呢？她能改变那位售货员吗？售货员态度不好，她可以转向别家去买。她能损失什么呢？损失的是那个售货员。

我们知道，人都是有情绪的动物，我们的情绪会被周围的人和事所影响。不同的是，有些人能做到自控，做事不冲动；而有些人却总是受自己情绪的摆布，于是，他们起伏摇荡于这种恶性失衡之中，做事时陷入自相矛盾的境地。这种过分轻狂不仅毁掉了他们的意志，也殃及他们的判断力，干扰了他们的欲望和理解力。这就是为什么人们常说“冲动是魔鬼”。

俗话说：态度决定一切。也就是说，一个人情绪糟糕时，往往会把一切事情都办糟糕。即使遇到了好事和良机，也会因为不良的情绪使自己生出无形的压力，使自己的能力无法充分发挥，以致错过这些机遇。

那么，人们的坏情绪中，冲动的魔鬼到底是从哪里来的呢？

坏情绪大家都有，但它的强烈程度和带给人的伤痛则因人而异。其共同表现为：血液涌向四肢躯干、脑部，心率加快、肾上腺激素分泌增加，产生强大的身心能量，以应付激烈的行动。愤怒、生气、不满、仇视、鄙视等情绪都属于激惹冲动类情绪。这种性格类型的人，常容易做出难以控制的行为。

心理专家建议我们掌握一些克制自己冲动的方法：

首先，你要冷却情绪。

美国一位社会心理学家给容易发怒的人提出了这样一个建议：试试推迟你的动怒时间。一旦你意识到可以推迟动怒，你便学会了自我控制。推迟动怒也就是控制愤怒。经过多次练习后，你便知道如何消除愤怒。

在气头上时，你很容易因冲动而做出一些错事，为此，你首先要做的就是冷静，为自己的情绪降温。具体来说，你可以尝试以下几种方法：

第一，“数数法”。这里的数数，不能按照常规数字顺序，因为这样做并不会启动我们的理性程序，而应该打乱顺序，比如，1、4、7、10……这样一来，你的理性思考能力就可渐渐恢复了。

第二，描述法。比如，你可以这样描述，这个茶杯是黄色的……他穿的毛衣是黑色的……数十至十二项物体的颜色，之后你会发现自己冷静多了。

其次，理智思考，替换非理性的“自发性念头”。

你要明白的一点是，真正让你产生不良情绪的，是你的想法，而不是别人的行为。换句话说，决定产生何种情绪的因素，不是发生了什么事，而是我们如何解释事件。

例如，你可以告诉自己：“我知道我的能力是极佳的，不会因为你一句话而受到影响！”这样自我暗示，愤怒自然无处可生，进而被其他情绪所替代。

最后，你可以使用建设性的内心对话。

既然想法是决定情绪的主因，那么，容易动怒的人就应该加强内心的想法，准备一些建设性的念头以备不时之需。

例如，“不论如何，我都要平静地说，慢慢地说。”“我才不会生气，生气就等于暴露了自己。”

当你能熟练这些灭火步骤时，你就会发现，无论与你交往的人如何刺激你，你都能平心静气地面对，不会再中对手的圈套。

心理小贴士

人生漫漫，心态决定人生，也决定了人的生活方式。懂得自制，能控制自己的情绪，就能控制由冲动带来的一系列恶性情绪反应循环。

杞人忧天者到底在“忧”什么

从前，有个这样的故事：

杞国有个人整天担忧天会塌地会陷，自己无处存身，便整天睡不好觉、吃不下饭。有人就去开导他，说：“天不过是积聚的气体罢了，没有哪个地方没有空气的。你一举一动、一呼一吸，整天都在天空里活动，怎么还担心天会塌下来呢？”那个人说：“天果真是气体，那日月星辰不就掉下来了吗？”开导他的人说：“日月星辰也是空气中发光的东西，即使掉下来，也不会伤害什么。”那个人又说：“如果地陷下去怎么办？”开导他的人说：“地不过是堆积的土块罢了，填满了四处，没有什么地方是没有土块的，你整天都在地上活动，怎么还担心地会陷下去呢？”

经过这个人的一番解释，那个杞国人放下心来，很高兴；开导他的人也放了心，很高兴。

这就是杞人忧天的故事，这个故事常比喻不必要的或缺乏根据的忧虑和担心。可能你会觉得故事中的这个人很可笑，然而，我们生活中同样有这样自寻烦恼的人。

在外人眼里，王大妈是个很有福气的人，老伴是“高工”，儿子出国深造，自己退休在家抱抱孙子，真可谓万事如意。可王大妈自从儿子出国后经常睡不好觉，噩梦连连，连白天也提心吊胆，担心儿子过不惯国外的快节奏生活，又怕儿子在国外遭到不幸。

赵小姐29岁，她最近给心理专家寄去了咨询信，信中说，她近来一看到一些不好的事物或现象，心里面就会产生一些不好的联想。比如，看到有的妇女不孕，就担心自己如果和她们在一起也会跟着患不孕症；爱人出差了，她就会担心他在路上出车祸。赵小姐说，自己明明知道这些想法是杞人忧天，也总是想找一些办法来排除，但就是解决不了。

这种自寻烦恼的现象，就是“现代焦虑症”。那么，这些杞人忧天者的忧虑到底从何而来呢?

美国心理治疗专家比尔·利特尔经过研究认为：一个人若有以下心理或做法，必定会促使其自寻烦恼、无事生非。

1. 总把原因归结于自己

你是不是认为别人不喜欢你是因为你自身的问题?你是不是认为同事被上级领导批评也是因为你的错误?如果你把消极原因都归结于自己，那么，要不了多久，你就会烦恼成疾。

2. 喜欢做白日梦

最可怜、可悲的人莫过于那些总是做白日梦的人，如果你不重新调整你的目标，那么，那些无法实现的目标会让你烦恼不断。

3. 盯着消极面

不要总是把眼光放在你曾经受到的多少次冷遇上，也不要总是计算自己吃了多少次亏，这样做，无异于自寻烦恼。

4. 制造隔阂

你从未赞美过他人，总是挑刺儿、埋怨，好与人争论，这是制造隔阂、自寻烦恼的“妙法”。

5. 总是拖延问题

一旦出现问题，你就要立即着手解决，因为此时解决很容易让问题大事化小、小事化了；而如果你采取拖延的方法，那么，问题就会像滚雪球一样越滚越大，最后一发不可收拾。不要有“既然错过了解决问题的时机，索性再往后拖拖”的想法，否则，只会使问题变得更糟，甚至令你的愤怒和苦恼埋在心底几个月甚至几年。

6. 把自己摆在殉难者的位置

比如，有些家庭主妇经常这样抱怨：“没有一个人真正心疼我，对我们家来说，我不过是个仆人而已。”而男人们也会抱怨说：“我的骨架都累散了，谁也不把我当回事，大家都在利用我。”

要知道，经常这样想，必定会使你烦恼异常，并且会使周围的人感到厌烦，令你的感觉变得更糟。

下面是专家们给出的一些简单的办法，有助于改善我们的心理状况：

（1）要有所认知，你的担忧是不必要的，因为它们发生的概率很小，不必自寻烦恼。

（2）对于潜在的危险、威胁、恐惧等，最好的办法是，在思想上作最坏的打算。为了消除中学生的高考焦虑，心理医生通常会与来访的学生一起讨论高考失利或落榜的后果及其落榜以后的打算，道理就在于此。把失败考虑在前，有利于以放松的心态参与竞技。这样，你就有足够的心理准备应对不测。

（3）找到自己的兴趣所在并全身心投入进去。很多时候，人们杞人忧天的实质就是逃避现实，如觉得某些事情危险就不去做了。其实，当你全身心地投入某件事的时候，很容易忘记焦虑。

心理小贴士

任何心理的问题都不是绝对的，各种心理障碍之间都有着某些联系和相似之处。杞人忧天者找到自己的症结所在，学会凡事往好处想，焦虑的症状就能得到逐步改善。

牢骚满腹，如何感受幸福

卡耐基曾经遇到过这样一个女士：

这位女士一见到卡耐基，就开始抱怨，说她的丈夫不好好工作，接下来又开始抱怨她的孩子，说她的孩子不好好学习。总之，她有很多不满意的地方。等她抱怨完了，卡耐基对她说："这位女士，你太追求完美了。"她听到这句话后，非常吃惊地看着卡耐基，过了好一会儿才说："卡耐基先生，您认为我非常追求完美吗？可我并不这样认为啊！而且，像我这样相貌也不好、学历也不高的女人，根本不会去追求完美的。"卡耐基说："你刚才跟我介绍过你的情况，你想想看，你的丈夫现在才三十几岁，却有了自己的公司了，这已经是成功人士了，你为什么还认为不够好呢？而你的儿子他才小学四年级，每次也能考个不错的成绩，你又为什么不满足呢？难道你不是在追求完美吗？"听了卡耐基的话后，那位女士很长时间都没有说话，最后接受了卡耐基的说法。

其实，生活中有很多这样的人，他们总是对生活现状不满，总是不断追求完美。比如，早上起床晚了，抱怨的人会想："家里人为什么不叫我一声？真是不负责任！"不抱怨的人会想："也许他们是想让我多睡一会儿。"

出门走路，与别人撞了一下，抱怨的人会想："挺大个活人都看不见，长眼睛干什么的？"而不抱怨的人会想："他肯定有什么急事儿，没看见，也怪我没注意。"

到了公司，同事迎面走过来却对你视若无睹，抱怨的人会想："他对我有意见？牛什么，我还懒得理他呢！"不抱怨的人可能会想："他准是想着心事，没留神。"

辛辛苦苦做完一项工作，本以为会得到上司的夸赞，谁知道上司不哼不哈，连个好脸色都不给，抱怨的人会想："遇上这样的上司，活该我倒霉，一辈子都没有出头之日了。"不抱怨的人会想："这本就是我分内的事。"

下班了，原本打算早点回家，却临时被通知要开会，抱怨的人会想："下班都不让人轻省，这是什么破公司！"不抱怨的人会想："也许真有什么重要的事情。"

好不容易回到家，爱人还没回来做饭，抱怨的人会想："一天忙得累死，却连顿现成饭都吃不上！"不抱怨的人会想："今天有个一显身手的好机会了，我要给家人一个惊喜。"

……

之所以抱怨的人会说生活太累，是因为他只看了自己的付出，而没有看到自己的所得；而不抱怨的人即使真的很累，也不会埋怨生活，因为他知道，失与得总是同在的，一想到自己的所得，他就会感到高兴。

的确，牢骚满腹的人不可能获得幸福，因为抱怨会破坏我们原本积极的潜意识。相信大家都有过这样的体会，只要我们的头脑中有一丝抱怨的意识，我们手中的工作就会不由自主地慢下来，我们开始为自己鸣不平、讨公道，甚至是抱怨老天不公。在这种坏心情的影响下，不仅我们的工作和生活都受到了影响，我们的心态也发生了改变。而真正的勇者，他们从不抱怨，他们总是能淡定、冷静地看待世界、审视自己，最终成就自己。

因此，不要抱怨你的专业不好，不要抱怨你的学校不好，不要抱怨你住在破宿舍里，不要抱怨你的男人穷或你的女人丑，不要抱怨你没有一个富爸爸，不要抱怨的你工作差、工资少，不要抱怨你空怀一身绝技却没人赏识，不要抱怨你的老板不近人情，不要抱怨你的同事素质低……生活是你的朋友，不是你的敌人。虽然现实有太多的不如意，但就算生活给你的是垃圾，你同样能把垃圾踩在脚底下，登上世界巅峰。

心理小贴士

生活中有一些人，他们似乎从来就没有过顺心的时候，无论什么时候和他们在一起，你都会听到他们不间断的抱怨。高兴的事情抛在脑后，不顺心的事情总挂在嘴上，这样的人又怎么会快乐呢？摒弃抱怨，你才能找到生活的真谛，才会懂得珍惜生活。

遇事果断，当断不断反受其乱

有一个年轻人，长相帅气，为人厚道，但就是有个缺点——做事优柔寡断，就连追女孩子也是如此。

他心里有个喜欢的姑娘。每逢周末，当同事都和女朋友约会时，他的心里也痒痒的，但他就是没有那个勇气。他总是担心这个担心那个，要么怕对方拒绝，要么怕打扰对方休息。

一个周末的下午，百无聊赖的他终于下定决心要去姑娘家。但是，当出租车开进姑娘家所在的巷子时，他开始后悔了，既怕这次来了不受欢迎，又怕被姑娘拒绝，他甚至希望司机现在就把他拉回去。

车开得特别慢，但终于还是停在了姑娘家门口。他想，既然来了，就豁出去吧，他轻轻地按了下门铃，居然没人回应。他又想，无论谁来开门，如果对方告诉自己姑娘不在家该多好。他等了一会儿，还是没人出来，他心想，幸好他们都不在，不然自己可怎么应付。

于是，他只好既高兴又失望地离开了。不过，接下来的一个下午，他又要无聊了。

事实上，他没有想到的是，这个姑娘已经等了他一上午，她多希望他能站在楼下喊一下自己的名字，因为她家的门铃坏了。

故事中，假如这个年轻人不那么患得患失、迟疑不定，而是大胆地来找心爱的姑娘，那么，他就能与姑娘度过一个愉快的下午了。

生活中，我们也常常需要作抉择——实行或者不实行，我们总是试图凭借我们最精确的思维获得我们最想要的结果。但实际上，很多时候，正是因为我们过多地思考，才导致我们瞻前顾后、不敢行动，成功的机会也在“做”与“不做”之间流失了。曾经有人说过，这个世界上，最可怜的人就是那些瞻前顾后、不懂取舍的人，他们总是左右摇摆，最终一事无成。

那么，是什么样的心理导致他们在作抉择时当断不断呢？

其实，这一心理就是权衡。人们总是会在几个选项中进行权衡，以期获得最佳的答案，但是，给自己太多的思考时间，最终只能让机会悄悄地溜走。

可见，任何时候，你在决定某一件事情之前，应该运用全部的常识和理智慎重地思考。一旦发现好的机会，必须抓紧时间，马上采取行动，才不致贻误时机。如果犹豫、观望而不敢决定，机会就会悄然流逝，最终令你后悔莫及。瞻前顾后的行为习惯会使人丧失许多机遇，很多时候，很多事情，如果我们能横下心去做，事情的结果就会大不相同。

那么，如何克服这种左右迟疑的习惯呢？心理专家总结了以下几点卓有成效的方法：

无论做什么事，不妨告诉自己：假如今天是我生命中的最后一天，我该怎么做？当然应该全力以赴。否则，你总觉得自己还有充足的时间，总会优柔寡断、抱有幻想，那么最终只能一事无成。

另外，你还需要做的是，不顾一切勇往直前。你可以这样勉励自己："豁出去了，大不了重来。""大不了被人笑话一顿。"即使这样，又有什么损失呢？一旦你有了这样一种意识，你就会敢做敢当，优柔寡断的现象肯定会在你身上消失得无影无踪。

当然，要摆脱这种苦恼，我们就要训练自己的判断力，要坚定、勇敢、自信、果断，你若一直朝着目标前进，那么，他人一定会为你让路。而对于一个摇摆不定、踌躇不前、走走停停的人，别人一定抢到他前面去，绝不会再让路给他。

心理小贴士

在做抉择的时候，当断不断，必受其乱。为人行事，必须坚决果敢，当机立断，一旦决定下来就马上去做；如果前怕狼，后怕虎，只会白白丧失很多机会，考虑太多，只会造成“竹篮打水一场空”的后果。

“习得性无助”背后的心理原因

通常情况下，人们捕捉到的是小象，他们把小象养在木桩制成的围栏内。小象小时候曾想过逃跑，但是，那时候它们力气还小，无论如何用力都对付不了木桩。时间久了，在小象内心深处就树立了一个牢固的信念：眼前的木桩是不可能被扳倒的。即使小象长大成了大象，它已经有足够的力量去扳倒一棵大树，仍旧对圈禁它的木桩无能为力。其实，这种现象就是“习得性无助”。它是指动物或人在经历某种学习后，在情感、认知和行为上表现出消极的特殊心理状态。一旦沾染上“习得性无助”人，就会在内心给自己筑起一道永远的墙，坚信自己无力改变现状，以致放弃任何努力，最后一事无成。

美国心理学会主席塞利格曼曾做过这样一个实验：把狗关在笼子里，只要蜂音器一响，就对狗实施电击，而狗被关在笼子里，逃避不了电击。多次实验之后，蜂音器一响，在实施电击前，先把笼门打开，这时狗非但不逃，反而不等电击就先倒在地上开始呻吟和颤抖，本来可以主动逃避的狗却绝望地等待痛苦的来临。塞利格曼把这种现象称为“习得性无助”。那么，在人身上是否也存在这一特性呢?

不久之后，塞利格曼进行了另外一个实验：他将学生分为三组，让第一组学生听一种噪声，这组学生无论如何也不能使噪声停止；第二组学生也听这种噪声，不过他们可以通过努力使噪声停止；第三组是对照组，不给受试者听噪声。当受试者在各自的条件下接受一阶段的实验之后，又令他们接受另一种实验。实验装置是一个“手指穿梭箱”，当受试者把手指放在穿梭箱的一侧就会听到强烈的噪声，但放在另一侧就听不到噪声。通过实验表明，能通过努力使噪声停止的受试者以及对照组会在“穿梭箱”实验中把手指移到另外一边，而第一组学生仍将手指停留在原处，任由噪声响下去。这一系列实验表明“习得性无助”也会发生在人的身上。

习惯是一种自然，人们若不自觉地沾染上习得性无助，就会有一种“破罐子破摔”“得过且过”的心态，而且，这种消极心态很有可能感染给他人。比如，有的员工在给客户打电话的时候，对方还没有表态，他就说：“你们没有这个计划啊？那好，再见。”他的脸上没有失望的表情，似乎已经习以为常。即使上司告诉他“这个单子你去跟一下”，他也会无奈地表示：“跟了也没用，他们没兴趣的。”这就是生活中典型的“习得性无助”，而这个员工的心态正是许多人思考、行为习惯的一个缩影。因此，经常把“我不行”“我不能”挂在嘴边是愚蠢的做法。因为心理暗示的作用是巨大的，一受挫折就断然给自己下结论“不行”，实际上是在给自己消极的心理暗示，时间长了，你真的会习惯性地说“我不行”。

有一天，哈佛大学心理学教授罗伯特先生接到了一个高中女孩的电话，在电话里，女孩子带着沮丧的口吻重复着：“我真的什么都不行！”罗伯特教授感觉到她的痛苦与压抑，他亲切地询问：“是这样吗？”女孩好像对自己特别失望：“是的！我和同学的关系不好，大家都不喜欢我；我的学习成绩一般，老师也不正眼瞧我；妈妈把所有的希望寄托在我身上，但我无法满足她的愿望；我喜欢的男孩也不再喜欢我了，我已经感觉不到生活里的阳光了……”罗伯特教授追问：“那你为什么要打这个电话？”女孩继续说：“不知道，也许是想找个人说说话吧！”经过一番交谈，罗伯特教授明白了女孩的问题——习得性无助，却又缺乏鼓励。假如一个人长时间沉浸在挫折里而又得不到鼓励与肯定，那真的会逐渐养成自我否定的习惯。

接着，罗伯特教授说：“我觉得你有很多优点，有上进心、是个懂事的孩子、说话声音很好听、很有礼貌、语言表达能力强、做事情认真、能够与人沟通……你看看，我们才聊了一会儿，我就发现你有这么多的优点，你怎么能说自己什么都不行呢？”女孩惊讶地问：“这能算优点吗？没有人这样说过呀！”罗伯特教授回答说：“从今天开始，请把你的优点写下来，至少要写满10条，然后，每天大声念几遍，你的自信心会慢慢回来。要是发现了新的优点，别忘了一定要加上去啊！”

罗伯特先生这样告诉他的学生：“在我们的身边，可能也有许多像这个女孩一样的人，在经历过挫折之后就觉得自己什么都不行，但是，我希望你们今后彻底打消这种念头。无论什么时候，在做任何事情之前，都不要急于否定自己。”

心理小贴士

有些人在经历了一两次挫折之后，就好像失去了挫折免疫能力，他们对于失败的恐惧远远大于对成功的希望。由于怀疑自己的能力，因此他们经常体验到强烈的焦虑，身心健康也受到影响。而且，他们认定自己永远是一个失败者，无论怎么样努力都无济于事，即使面对他人的意见和建议，他们仍旧以消极的心态面对生活。对于这样的心态，我们应该尽量避免，要正确评价自我，增强自信心，让心坚强起来，摆脱无助的境地。

第5章

躯体语言的心理分析：不会说谎的情绪表达方式

人际互动时，人们通常认为与人交往的技巧应该表现在口头上，而实际上，人们在解读身体语言时得来的信息，往往比话语还多。这些无声的线索包括表情、眼神、姿态、手势、声音、触摸，甚至衣着、距离等。心理学家认为，躯体语言的用途很多，但最直接的莫过于我们可以通过阅读一个人的躯体语言来了解其情绪、感受，进而知晓其内心世界。因此，了解“躯体语言是如何说话的”这一点，应该成为我们学习心理分析的重要课程之一。

躯体语言，反映出一个人的内心世界

一天晚上，从事销售行业的丈夫很晚回来。进门后，看见妻子还是一如既往地在等他，他就向妻子解释，因为有许多事要和同事与客户交谈，所以才耽误了很多时间，并保证下次一定尽早赶回家，陪妻子吃饭，希望妻子原谅。但他说话时下意识地用手摸摸嘴唇，而且尽量避免与妻子目光相对。善良的妻子也没有多想，为“疲惫”的丈夫准备了宵夜后，也就睡觉去了。

事实上，我们都明白丈夫撒了谎，因为他的动作已经出卖了他，他一连串的动作都是为了掩饰什么，而这位善良的妻子还是被他的借口蒙骗了。

生活中，我们千万不能和故事中这位妻子一样，而要学会眼观六路、耳听八方，更要练就火眼金睛，一眼就能洞察他人的内心世界。

可见，日常生活中肢体动作是不可忽视的。人在做出相对应的肢体动作的背后隐藏的含义称为躯体语言。躯体语言代表着此人心里最深处的想法，这是最真实的感受。我们也可以从对方的躯体语言中判断此人是否说谎、是否隐瞒、是否具有可信性与行为理解能力，这样能帮助我们快速适应社会交流、看清人行为的背后含义。

躯体语言的用途很多，但最直接的莫过于我们可以通过阅读一个人的躯体语言来了解其情绪、感受，进而知晓其内心世界。心理学认为，我们的大脑和身体的各个部位是同步的。当我们受外界刺激时，如听到某些话或看到某些人，我们的大脑会产生某种想法或感觉，与此同时，我们的身体会作出与这些想法、感觉相对应的反应，并通过表情、肢体动作或姿势等反映出来。因此，通过观察一个人的躯体语言，我们能大体上推断出这个人的思想或情绪状态，并以此预测他下一步的决定和可能采取的行动。这一点无疑可以帮助我们建立和促进人与人之间的关系，在工作和生活中更自信、更有分寸地处理和把握各种不同的人际关系。

可见，如果你想做一个聪明的人，那么，你不仅要学会听别人的言语，更要学会观察他人的躯体语言，因为言语可能作假，而躯体语言的真实性则高得多。

什么是躯体语言呢？躯体语言简称体语，指非词语性的身体符号，包括目光与面部表情、身体运动与触摸、姿势与外貌、身体间的空间距离等。

以下是一些与人交往的过程中的常识性躯体语言，需要我们掌握：

付账：右手拇指、食指和中指在空中捏在一起或在另一只手上比出写字的样子，在餐厅里这是表示要付账的手势。

愤怒、急躁：两手臂在身体两侧张开，双手握拳，怒目而视。或者，头一扬，嘴里咂咂有声，同时还可能眨眨眼睛或者眼珠向上和向一侧转动，也表示愤怒、厌烦、急躁。

很骄傲、不可一世：用食指往上顶鼻子。

赞同：向上翘起拇指。

讲的不是真话：讲话时，无意识地将食指放在鼻子下面或鼻子边。

别作声：嘴唇合拢，将食指贴着嘴唇。

害羞：双臂伸直，向下交叉，两掌反握，同时脸转向一侧。

威胁：由于生气，挥动一只拳头的动作似乎无处不有。因受挫折而双手握着拳做使劲摇动的动作。

绝对不同意：掌心向外，两只手臂在胸前交叉，然后再张开至相距一米左右。

因为事情失败而颓废：两臂在腰部交叉，然后再向下，向身体两侧伸出。

当然，观人举止也只是我们识别人心的一个方面，需要我们掌握和了解的还有很多，但最重要的是懂得观察，于细微处看出一个人的心理动态，这样，即使面对那些经验丰富的人，也能先观其心然后做出具体的应对策略。

心理小贴士

躯体语言不能准确地告诉你他人的思想内容，即他到底在想什么，但可以准确反映出其对外界刺激的感受或情绪。

你是否善于运用自己的躯体语言与人交流

有一次，林肯乘船沿河视察。途中，他与船员一一握手，一位加煤工腼腆地缩着手说："总统，我的手太黑了，不便与您握手。"林肯爽朗地笑着说："把手伸过来吧，你的手是为联邦加煤弄黑的！"林肯总统的手和加煤工的手紧紧握在一起。

这里，我们不得不承认的是，林肯是个善于运用躯体语言来拉近人际距离的领袖。抛开国体、政体不谈，假如我们是那个机械师、是那个加煤工，单就领袖的平易近人、对一个普通工人所做工作的肯定，我们会怎样对待工作呢?

的确，我们通常以为与人交往的技巧应该表现在口头上，而实际上在，这只是我们的主观感受。人们使用最频繁的是非语言的交谈方式，这就是人们常说的"躯体语言"，它通常是在我们说话之前就已经表达出了我们的感觉和态度，反映了我们对他人的接受度。有数据显示，一个人要向外界传达完整的信息，单纯的语言成分只占7%，声调占38%，另外55%的信息都需要由非语言的体态来传达。而且，因为躯体语言通常是一个人下意识的举动，所以，它很少具有欺骗性。

正因为躯体语言在人际交往沟通中起着如此重要的作用，

所以，我们在与人交谈的时候，一定要注意躯体语言的利用。尤其是与陌生人交往的时候，善用躯体语言，更能有效地拉近彼此间的距离。

例如，现在你获得了一个难得的面试机会，就如何面试这一问题，专家建议：

从见到主考官的那一刻起，你就必须注意自己的身体语言。微笑并直视对方，如果他回以微笑，表示你有一个好开始。但如果对方面无表情，也不要使自己焦虑。注意眼神的接触，正向回应主考官的身体语言，突破他的防线：他紧绷着脸，你就面露微笑；他姿势僵硬，你就放松，像照镜子一样。

记得别交叉手臂，也不要跷起二郎腿；双脚略为平行，正对主考官而坐。双手轻松垂下或置于膝上，眼睛平视，不要乱瞄或东张西望。坐时微向前倾可以给人积极的印象，但别太靠近，免得造成压迫感，如果注意到主考官不自觉后退，那么就试着放松你的姿势，稍微向后靠。

可见，如果你希望给别人好印象，就必须淘汰那些负向的躯体语言。在说话时，对自己的手势、姿态保持警觉，避免行为和言语出现矛盾，否则会让别人不信任或使人产生敌意。

这需要我们从现在起，尝试使用这些肢体动作：

1. 展开你的笑颜

人们对于那些习惯报以微笑的人似乎总是多一份好感。微笑是一种易于被接受的非言词信号，给人以友好、热情的印象。

当我们对他人微笑时，传递的是友好、渴望沟通的信息，对于对方来说，也自然能感受到你的暗示，这种情况下，他们通常都会报以微笑来回答你。

当然，这并不是要你时刻都强颜欢笑，而是建议你在遇见熟人或者结交陌生人的时候舒心地微笑一下，它可以展示你开放的交谈态度。

2. 张开你的双臂

这是一个热情的动作。可以想象，当你遇到某人的时候，如果他交叉双臂站着或坐着，则说明他很冷漠、一点儿也不高兴。因此，当你交叉双臂站着或坐着时，你给他人的感觉是：你不愿意交谈，你有防备心，你将自己封闭起来。手捂着嘴（或手捂着嘴笑）或支着下巴的动作表明你正在思考。反过来，你也可以想象一下，如果是你，你也不会去打扰一个正在深思的人。另外，如果你双臂交叉，那么，你自身也会显得局促不安，乃至让他人也不愿意靠近你，因为在与你交谈的时候他们也会感到不自在。

所以，如果你想向对方表达你的热情，那就请张开你的双臂，即便看起来有点夸张，也总比交叉抱着双臂要好得多。

3. 身体微向前倾

当你和对方谈话的时候，身体微微前倾，这表明你对他的话题感兴趣。而这对于对方来说，显然是一种尊重，他自然很愿意同你交谈下去。

4. 握手

你需要掌握一些握手礼仪。例如，参加聚会时应先与主人握手，再与房间里其他人握手。男士与女士握手时，须待女士先伸出手，而不能主动与女士握，握时轻握女士的手指部分，不要握手掌部分。不要随便主动伸手与长者、尊者、领导握手，应等他们先伸手时才能握。有时候，对方可能未注意你已伸手欲与之相握，因而未伸手，此时应微笑地收回自己的手，无须太在意。

可见，最重要的交谈技巧之一并不是语言，而是我们的身体语言。掌握以上四个肢体动作，就掌握了与人初次交谈的一种本领，保证能让你抓住对方的注意力。

心理小贴士

要想巧妙地运用自己的躯体语言，你就要随时注意对方身体发出的信息，解读他们真正的想法，从而借助躯体语言来达到目的或解决问题。

如何正确解读他人的躯体语言

“他今天居然连胡子都没刮，一定是跟女朋友吵架了。”

“开会时老板一直看着我，对我点头微笑，一定是觉得我表现很好。”

“他说话时一直在搓手，肯定有强迫症。”

……

生活中，我们经常听到人们这样揣测他人的心理和情绪，而实际上这些揣测并不一定正确。原因很简单——他们对他人的躯体语言的分析并不到位。比如，“胡子没刮”，原因有很多种，可能时间不够，可能是其他生活问题，把原因归结于“和女朋友吵架”未免太过武断；“开会的时候老板的笑容”可能是针对所有人的；喜欢“搓手”，也有可能是因为紧张，并不完全是强迫症导致的……

很明显，要正确解读他人的躯体语言，我们必须综合考虑，掌握一些解读的规则，这些规则有：

1. 理解要连贯

一些初学者经常犯一个最致命的错误，那就是将研究对象的某个动作或者表情分离开来，他们忽视了其他相联系的表情、动作，然后片面地解读他人的躯体语言。

比如，在与人说话时，他们看到对方挠头，就以为对方是尴尬，其实挠头的原因有很多，如去头屑、头痒、不确定、健忘或者在撒谎等，所以，其具体含义应当取决于同时发生的其他表情和动作。

其实，和句子一样，我们说的每句话也是可以分解的，可以将其分解为词语、标点等，每一个表情或动作就好比一个词语，而每一个词语的含义都不是唯一的。

因此，只有当你把一个词语放到句子里配合其他词语一起理解时，你才能彻底弄清楚这个词语的具体含义。以“句子”的形式出现的动作或表情被称为躯体语言群，即如，我们如果想说一句话，就至少需要用三个词语来组织，才能清楚地表达说话的目的。可以这么说，如果一个人能够读懂无声的躯体语言长句，并且准确地将它们用有声的话语表达出来，那么，他的“感知力”一定很强，或者说他的“直觉”一定很灵敏。

所以，如果你想获取准确的信息，就应该连贯地观察他人的躯体语言。

当我们感到无聊或是有压力的时候，我们常常会不断地重复做一个或者多个动作。例如，不停地摸头发或玩头发就是这种情况下最常见的一种表达方式。可是，假如不考虑其他动作或表情，同样的动作也很有可能表示这个人心中很焦虑或是不确定。

2. 寻找一致性

研究表明，通过无声语言传递的信息所产生的影响力是有声话语的5倍；而且，当两个不同的人进行面对面交流的时候，尤其当这两个人都是女人的时候，她们几乎会全部依赖无声的躯体语言进行交流，而无视话语所传递的信息。

西格蒙德·弗洛伊德曾经遇到过一个案例。案例中，病人告诉他，她的婚姻生活十分幸福。在谈话中，这位病人不断地将她的结婚戒指取下，然后又戴上。弗洛伊德注意到了她这一无意识的小动作，他很清楚这意味着什么。所以，当有消息称她的婚姻出现问题时，弗洛伊德丝毫不感到惊讶，因为一切都在他的意料之中。

观察躯体语言群组，注意躯体语言与有声语言的一致性，就好比两把金钥匙，能够帮助我们打开躯体语言的宝库，从而正确地解读出无声语言背后的真正含义。

3. 理解要结合语境

对所有动作和表情的理解都应该在其发生的大环境下完成。

举个很简单的例子，在大街上，寒风瑟瑟，你看到一个人，他双手抱在胸前，那么你应该很清楚的是，他这样做，并不是为了保护自己，而是为了取暖。同样的情况，如果放到谈判桌上，那么对方的意图就是自我保护，你应该明白，他其实是想借此告诉你，他对你的话持否定的态度，或者他对你怀有敌意。

心理小贴士

身体就像一个无法关闭的传送器，时刻传送着人们的心情和状态。语言通常用来表达正在思考的东西或概念，而非语言信息则更多地传递情绪和感受。因此，我们在解读时，必须要综合多方面因素来考虑。

“大仙”们洞悉人心的秘籍

我们的生活中，有很多所谓的“大仙”，实际上他们是完全不懂算命的“江湖骗子”，但不可否认的是，他们很善于洞察人心，那么，他们是怎么做到的呢？相信大多数的“大仙”

都使用过这样的伎俩：

他先进行广告宣传，让自己的朋友到处宣传自己是个“大仙”，以吸引他人前来算命。然后，他会拿出一副塔罗牌，这副牌看上去已经使用了无数次，但其实他只是将这副牌事先在含有某种化学成分的水中泡过，晒干后，再拿砂纸擦过而已。

这天，有个人B来算命。这位算命先生便开始了自己的算命过程。

算命先生：你相信“同步性”吗？（故作神秘）

B：“同步性”？（很疑惑的样子）

算命先生：所谓同步性，意思就是某段时间内，一些毫无关联的事物居然一起发生。比如，就在昨天，我居然相继为六个B型血的人算命，今天，你是第七个，自然也是B型。（算命先生在说这句话的时候，小心观察着B的表情）

B：天哪，你怎么知道的？

算命先生：当然，因为我是大师嘛！

说完后，他一脸的得意。

这里，这位大仙真的有什么神奇的算命术吗？当然不是！那他怎么知道B的血型的？很简单，因为他很善于观察他人的躯体语言！不难看出，所谓的“同步性”和前面六个B型血的人，都是他编造出来的，都是为了探测出被算命者的血型而制造出来的幌子。

当他解释同步性这个问题的时候，其实他一直在观察对方的表情，此时，对方一脸惊讶，说明他就是B型血，于是他得意地说："今天，你是第七个，自然也是B型。"而倘若对方此时并没有什么反应，那说明B型血和自己并没有什么关系，那么，他便会说："今天，你是第七个，当然不是B型了。"因此，无论他怎么说，他都"算"对了。

通过以上分析，我们便能看出那些所谓的大仙的伎俩。实际上，那些人际关系好、处处得人缘、事业上顺风顺水的人往往都有一个"绝活"——善于察言观色，善于洞悉他人内心世界。

比如，那些业绩好的销售人员，都有一套自己的套出客户信息的方法。他们知道自己需要了解的是：对方到底想要什么、到底在烦恼什么、到底在犹豫什么……只要知道对方的信息，就对以后的业务活动有利。为什么呢？因为，只要能解决对方犹豫不决的点，业务就算成功了。

可见，生活中，那些所谓的"大仙"掌握的信息，都是我们自己告诉他们的，只是我们浑然不觉而已，而大仙的精明之处就在于悄声无息地让你觉得他很了解你，让你愿意信任他。

心理小贴士

相信很多人都去算过命，你是否觉得算命先生果真厉害，似乎连你的前生后世都算得很精准？其实，你错了，算命先生并非会"算"，而是会"看"、会"听"、会"读"、会

“猜”，在观察到你一系列的躯体语言后，他们便对你的情况有了一些了解，进而展现出高超的“算命”本领！

身体基本动作产生的内在原因

小于还不到30岁，但已经在心理学研究领域很有成就。尽管很擅长研究人的心理，但他不善于与人打交道，曾经有采访过他的记者这样描述他：“于医生与人说话时经常下意识地扶眼镜，偶尔还会双臂伸直、向下交叉……”

在谈到自己的人生经历时，他说：“我是个被保姆带大的孩子，在我的印象里，我的母亲就没有抱过我。她是个医生，每年都有做不完的手术，我可以肯定，她肯定亲过那些生病的孩子。有时候我在想，我生病了，她会不会亲亲我。后来，等我长大了一些，我经常自己走去她的医院，不过母亲依然没有时间理会我，我只能经常和护士们一起去食堂吃饭。没事的时候，我会拿母亲办公室的骨架模型玩玩，后来，我居然对这些可怕的东西产生了兴趣，于是，我开始翻看妈妈的那些医学书。说来也奇怪，慢慢地我居然看懂了，我发现，人真是奇怪的东西。后来，我无意中发现比人的身体更具有诱惑力的是人的思想和智慧。再后来，在报考专业的时候，我选择了心理学，而现在，我已经是一名心理专家了，只不过我更倾向于写心理学著作而不是与患者们交流。我已经爱上了这一项富有魅力的思考活动。”

这里，我们能看出故事中的主人公小于是个害羞、不善与人打交道的人，所以他常常会做出这样的动作——下意识地扶眼镜，偶尔还会双臂伸直，向下交叉……他为什么会有这样的习惯性动作呢？从主人公的描述中，我们大致能看出原因——缺乏安全感。也就是说，人的身体的一些基本动作是有一定的形成原因的。

的确，我们不难发现，生活中，一个人即使能在语言上做到天衣无缝，也无法在体态语上做到不露痕迹。因为，当人的大脑有某种打算时，其思维活动会支配身体的各个部位发出各种细微信号，这是人们不能完全控制且难以充分意识到的。因此，通常来说，当我们走进一个熙熙攘攘的场合时，我们往往能快速而准确地判断出房间内各人之间的关系以及他们此时此刻的感受。在人类的口语尚未进化完全之前，通过他人的行为来解读他们的意见和想法，就是当时的人们所采用的最基本的交流方法。

大多数基本的交流信号都是全世界通用的。比如，当人们愤怒时，他们多半都会皱眉头或怒目而视；而当人们高兴时，他们会高兴或者开怀大笑。大多数情况下，人们点头都是用来表示赞同或肯定，其表现形式就是低下头。点头很有可能是一种天生的本能动作，因为那些生来就失明的人也懂得使用这一动作。和点头一样，摇头也是一种普遍的动作，其含义与点头相反，表示反对或否定。而与点头不同的是，摇头可能是人在童年时期通过后天的学习所掌握的一种动作。当婴儿吃饱了之后，他们会用摇头的方式躲避妈妈的乳房，以拒绝妈妈继续喂奶。当小孩吃饱了以后，他们会用摇头的方式来抗拒送到嘴边的食物。于是，不知不觉中，孩子们学会了用摇头来表示拒绝或否定他人的做法和思想。

在人类的进化历程当中，一些面部表情和动作的根源可以追溯到远古时期。比如，大多数食肉动物会用微笑这种表情来传递危险的信号；但对灵长类动物而言，这种表情则与危险无关，它传递的是一种表示妥协和屈服的信号。

龇牙和扩张鼻孔这两种面部表情源自于动物间的攻击行为，也是其他灵长类动物经常使用的最简单的表情之一。动物用龇牙露齿来警告对方，假如有必要，它们还会用自己的牙齿来保护自己或攻击对方。虽然我们人类并不会像动物那样用牙齿来攻击对方，但是在人类的身上也发现了类似的表情和动作。对人类而言，这一动作通常是由愤怒引起的。当一个人感觉到自己的身体或心理受到了威胁或是认为某事不正确时，也会表现出这种表情。

当然，与有声的话语一样，有些看似相同的躯体语言也会因为文化差异而表示不同的含义。一个动作在某一特定的文化中也许很普遍且表意明确，假如置于另一种文化当中，它很有可能就只是一个没有任何意义的单纯的动作，甚至它表达的意义会完全不同于前者。

心理小贴士

人类的躯体语言中，有些是全球通用的，有些则不是。因此，在研究人类的基本动作产生的根源时，需要考虑地域、文化等各个方面的因素，不能以偏概全。

不同姿势如何透露一个人的潜意识

弗洛伊德指出："潜意识是潜藏在我们一般意识下的一股神秘力量，是相对于'意识'的一种思想。"其实，在每个人的体内都隐藏着一股神秘的力量，那就是潜意识。令人奇怪的是，许多人并不知道或者说并不了解自己的潜意识。不过，作为旁观者，我们倒可以通过其在日常生活中表现出来的体态举止来洞悉对方的潜意识，从而达到摸清对方真实心理的目的。在日常交际中，大部分人在做出某些行为举止的时候，他们会下意识地掩盖自己内心的真实想法，或者假意做出相反的举止来迷惑他人，不过，他们的某些姿势还是会泄露其潜在的思想。所谓"江山易改，本性难移"，一个人的性情，无论他如何掩饰，都会在行为举止上有所展现，这时，我们可以通过观察对方的体态表现来洞悉对方的真实心理。

星期天，小娜与朋友丽丽约在了咖啡厅，小娜很想跟朋友谈谈自己最近烦心的事情，希望能从朋友那里寻求一点安慰。

刚见面，小娜的眼睛就红了，她开始哭诉自己的遭遇，而丽丽则一只手撑着脸颊，呆呆地望着小娜。小娜并没有注意到丽丽的这一动作。每当说到自己很惨的遭遇时，小娜都会习惯性地说："你说我倒霉不？"丽丽则会配合性地点点头，不过，她撑着脸颊的那只手一直没放下来。

小娜每次抬头看丽丽，都发现她保持着那样的姿势，她猛然想起了自己昨天看过的一本名为《身体姿势透露他的潜意识》的书，书里介绍，如果有人以这样的姿势对着你，那表示对方无法专心听你讲话，只希望你快点结束话题或者轮到他发言。在很多时候，他也并不是真的有什么话要说，只是觉得你的话很烦而已。

在那瞬间，小娜回忆起之前的情景——每次找丽丽说话的时候，她都是这样的姿势。小娜有些不好意思地说："我说完了，最近你怎么样？你说说你自己吧。"果然，小娜刚说完，丽丽就将手放了下来，兴奋地谈起她最近的一次约会。

在和朋友谈心事的时候，如果他的姿态和丽丽一样——用一只手撑着脸颊，那表示他是一个没有冲劲的人，他或许根本没仔细听你说话，只期待你早点把那烦人的话题结束掉，好让他开始谈论自己的事情。事实证明，小娜的猜测是正确的，丽丽虽然表面上没说什么，但潜意识里并不喜欢听小娜的哭诉，她更注重自己的感受。

在日常生活中，人们的躯体姿势还有很多，下面说到的一些体态，可能你经常见到，但你未必知道它们背后隐藏的真实想法。

1. 手不停地抚摸下巴

在与你交谈的时候，如果对方不停地用手抚摸下巴，那表示他已经陷入了沉思中，连你说什么他都没听见。如果你对此表示怀疑，你可以试着问他你刚刚在说什么，他一定回答不出来。

在与人交谈时有这种习惯动作的人，总喜欢想东想西，但从来不会想到去算计别人，只是在某些时候会陷入思考的迷宫中。同时，他会是一个比较敏感的人，如果你想告诉他什么事情，不要暗示，最好直接告诉他在与人交谈时有这种习惯动作的人，省得他胡思乱想。

2. 叉腰姿势

在与人相处的时候，对方的姿势已经泄露了他对你的潜在态度，有的人潜意识里想给人留下这样的印象：身体强壮、沉着稳定，对别人的威胁不放在心上。为此，他们常常做出叉腰的姿势。

3. 拇指托着下巴，其余的手指遮着鼻子或嘴巴

这样的人很有主见，你在说话的时候，他总是用拇指托着下巴，其余的手指遮着鼻子或嘴巴，那表示他潜意识里根本不同意你的观点，只是不好意思说出来。他之所以做出这样的动作，是因为潜意识里怕一不小心会说出来。

当然，用手遮住嘴巴或鼻子，在心理上可能有两种情况：

如果是他说话时遮住嘴巴或鼻子，那表示他“言不由衷”；如果是听你说话时他有了这样的动作，那表示他不同意你的观点。

4. 手掌向前推出

这样的动作经常出现在政治家身上，他们为了生存，需要对他人的攻击保持时刻的警惕。如果你仔细观察一下那些政治家的演讲，你会注意到，他们在感到不安全的时候，常常会做出一些防御的手势。比如，将手横过身体，或许手掌向前推出，仿佛在躲避想象中的击打。

心理小贴士

在日常生活中，一个看似很普通的体态往往包含着丰富的信息，其背后隐藏的潜意识才是我们所需要摸清的底牌。莎士比亚在《哈姆雷特》中说道：“一个人表面上笑眯眯，其实心怀叵测。”一个采取防卫、对抗姿态而又面带微笑的人，他或许是想以假笑来麻痹你，同时还在算计着如何拆你的台。大量事实证明，一些体态语言并不似想象中那样其实可信，比如，一个对着你满脸微笑的人，其实心里对你充满了怨恨。对此，如果我们不仔细、全面地观察，肯定不会洞察到对方的真实心理。

第6章

心理效应的心理分析：探索心灵反映背后的规律

日常生活中，人们常常遇到一些奇怪的心理现象，心理学家针对这些现象进行了一些实验和总结，并且得出了一定的结论。如今，这些心理效应被人们广泛运用到生活中的其他领域。我们在学习心理分析时，也要学会举一反三，这样，你就会发现，很多看似神秘的现象，其实也是有规律可循的。

首因效应：第一印象至关重要

有一位心理学家曾做过一个实验：把被试者分为两组，看同一张照片。他对甲组说：这是一位屡教不改的罪犯；对乙组说：这是位著名的科学家。他让被试者看完照片后根据这个人的外貌来分析其性格特征。结果，甲组说：深陷的眼睛藏着险恶，高耸的额头表明了他死不改悔的决心。乙组说：深沉的目光表明他思维深遂，高耸的额头表明了科学家探索的意志。

这个实验充分说明了第一印象在人际交往中的影响。这种影响是两方面的，如果一个人给人们的第一印象形成的是肯定的心理定式，那么，在日后的相处过程中，人们会逐渐发现其很多美好的品质；如果这一心理定式是否定的，则会使人在后续的了解中发现其诸多不好的品质。

这就是心理学上常说的“首因效应”。“首因效应”讲的是，人与人之间第一次交往时，一个人给对方留下的印象，在对方的脑海中形成并占据着主导地位，一旦形成便很难改变，直接影响着此后的接触和交往。

所谓第一印象，指的是人们在短时间内，根据一些片面的资料对某些人、事、物产生的印象。第一印象一般都是先入为主的，并且，这种印象带有明显的主观倾向，还会直接影响其以后的一系列行为。

第一印象效应是一个妇孺皆知的道理，为官者总是很注意烧好上任之初的“三把火”，平民百姓也深知“下马威”的妙用，每个人都力图给别人留下良好的“第一印象”。

为此，在人们的日常交往中，尤其是与别人初次交往时，我们一定要注意给别人留下美好的印象。

有时候，第一印象可以决定一个人的前程甚至命运。所谓首因效应，就体现在先入为主上。这种先入为主给人带来的第一印象是鲜明的、强烈的、过目难忘的。对方最容易将你给他的第一印象存进他的大脑档案，且这个印象是难以磨灭的。虽然我们也知道仅凭一次接触就给对方下结论为时过早，并不完全可靠，甚至有可能出现很大的偏差，但是，绝大多数的人还是会下意识地跟着感觉走。所以说，我们若想在人际交往中获得别人的好感和认可，就应当给别人留下良好的第一印象。

为此，根据首因效应，在与人初次交谈的过程中，我们需要这样做来给对方留下积极正面的印象：

1. 注意穿着打扮，塑造美好的气质

对于很多人来说，良好的气质是给别人留下美好的第一印象的前提。因为引起别人关注的首先是视觉。

当然，选择衣服的时候一定要选适合自己整体形象的衣服，当你的穿着打扮到位了之后，你的气质自然就显露出来了。

2. 多使用礼貌语

俗话说“礼多人不怪”，“你好”“谢谢你”“对不起”和“请”这些礼貌用语，如使用恰当，会对调和及融洽人际关系起到意想不到的作用。如“谢谢”，无论别人给予你的帮助是多么微不足道，你都应该诚恳地说声“谢谢”。正确地运用“谢谢”一词，会使你的语言充满魅力，使对方备感温暖。当然，道谢时要及时注意对方的反应。对方对你的感谢感到茫然时，你要用简洁的语言向他说明致谢的原因。对他人的道谢要答谢，答谢可以用“没什么，别客气”“我很乐意帮忙”“应该的”来回答。

3. 在你的语言中注入正面积极的情感

你说出的每一句话都是你精神面貌的体现，要开朗、热情，让人感觉随和亲切、平易近人、容易接触。另外，在说话的时候，你应放松心情，保持自己的既有特点而不要故意矫揉造作。有的人在亮相时语言气势逼人，跟人接触时过分热情……这样故作姿态，不仅会令别人难受，就连自己也会觉得别扭。

心理小贴士

研究表明，在人际交往过程中，第一时间留下的印象非常重要，与一个人初次会面，45秒钟内就能产生第一印象。这一最先的印象会对他人的社会知觉产生较强的影响，并且在对方的头脑中占据着主导地位。一般情况下，一个人的体态、姿势、谈吐、衣着打扮等都在一定程度上反映出这个人的内在素养和其他个性特征。

近因效应：尽快消除不良印象

生活中，我们常听到人们这样评价别人："第一眼见他，觉得他蛮不错，谁知道接触下来才发现……""我还以为他是个木讷的人，其实他和熟悉的人交往的时候还是蛮活泼的。"人们的评价为什么会前后不一？这是源自近因效应的作用。那么，何谓近因效应呢？

可能对于绝大多数人来说，"第一印象效应"这个说法很熟悉，而"近因效应"这个词则显得陌生。其实，这个词理解起来并不难。我们知道，不管什么事情，都有着不同的阶段：初段——发生，中段——发展，最后——结尾。

心理学上将近因效应定义为：交往中最后一次见面或最后一瞬给人留下的印象，这个印象在对方的脑海中会存留很长时间，不但鲜明，且能左右整体印象。

近因效应在我们的现实生活中是常见的：两个好朋友为一点意见、误会而翻脸甚至断交；常年来往，亲密得不分你我的两个家庭，为一件小事闹矛盾，甚至大动干戈，从此断绝来往。而产生这类现象的原因之一，就是人们受到了近因效应的影响。

近因效应有利有弊，在不同的情况下，你需要对近因效应的作用辩证对待，宗旨是避免不利近因效应的影响，利用积极近因效应的作用，从而为自己赢得好的形象奠定基础。

所以，在与人交际的过程中，我们一定要学会充分利用首因效应和近因效应，两者都要重视，这样才能让别人真正喜欢我们。而假若你给对方的第一印象并不好，那么你一定要尽快消除这种印象。具体来说，你可以这样做：

1. 尝试沟通

即使给别人的第一印象不好，你也不必因此忧心忡忡，只要你能尝试多沟通，不动声色地表现自己良好的一面，就能让他人对你产生进一步的了解，就能化解误会，在别人心中重新树立形象。

2. 注重后期维护

在沟通后，你更要注重持续地维护自己的状态，绝对不能让人觉得你的热情只有三分钟热度。这也是人们往往更喜欢经常和自己保持联系、维持关系的人的原因。

因此，你不妨不时打个电话，偶尔送个小礼物，有时间互相走动一下。如果你们一直处在交往的状态，那么，你在有需要帮助的时候提出请求，就不会显得突兀了。那些刚认识的时候很热情，事后长时间不联系，有需要帮助的时候突然找上来的人，会让对方觉得自己像是被利用了，对此，谁都难免产生抵触心理：我不是你招之即来挥之即去的人。会经营人际关系的人，一定会注重平时关系的维护。

总之，在与人交际的过程中，你要善于运用一些心理策略，尽量做到让别人喜欢你。如果你在与人初会的过程中犯下了某种错误或是表现平平，你可以在分手之前来一个良好的表现，以改变对方对你原有的印象。只要你的表现得体，不管原先的表现如何，都可以进行补救，甚至给人留下永生难忘的印象！

心理小贴士

心理学上认为，能长留在人的记忆中的是最初的和最后的记忆。也就是说，第一印象固然重要，但是，随着交往的深入，印象会逐渐发生改变。因此，与人打交道的过程中，如果给对方的第一印象不够好，或者双方在交往中曾遇到了不快，我们应该巧妙地运用近因效应，在最后时刻挽回局面，达成和解，给对方留下好印象。

刺猬效应：与人交往时适当保持距离

很久以前，生物学家为了研究刺猬的生活习性，做了一个实验：

寒冬腊月，生物学家将十几只刺猬放到屋外，刺猬们为了能取暖，只好抱在一起，但是它们浑身长满刺，只要它们一靠拢，就会被对方身上的刺扎到，不得不分开。

天气实在很冷，它们冻得受不了，就又靠在了一起，但又会被刺到，它们不得不再度分开。于是，它们不得不重复这样的过程，不断地在受冻与受刺之间挣扎。最后，聪敏的刺猬终于找到一个方法，那就是保持适中的距离，这样，既可以相互取暖，又不至于被彼此刺伤。

这就是心理学上的“刺猬法则”。刺猬法则强调的就是人际交往中的“心理距离”。你是不是遇到过这样的情况：原先与你无话不谈的朋友，现在却翻脸为敌，不仅不来往，甚至反目成仇。之所以会这样，原因很简单，你们太过亲近了！

我们都知道，经常接触是维护人脉的一个重要举措，两个初相识的人，如果不常联系，那么，他们的关系和陌生人也没有多大区别。然而，人与人之间的关系一定要注意度，即使再亲密的两个朋友，也都需要有个人空间。如果你为了结交友谊而占有了对方的私人空间，恐怕就会事与愿违。

俗话说得好：“距离产生美。”这是一个美学命题，但确实有一定的道理。两个人之所以成为朋友，必当是有一定的相容性。但人也是单独的个体，是需要一定的个人空间的，如彼此之间连一点点个人空间都没有，时间久了必会生厌，所以这时就需要营造一个距离。

的确，距离是一种美，也是一种保护。感情容易滋养人心，也会轻易伤害人心，不管是血浓于水的亲情，还是海誓山盟的爱情，都可能在不经意间刺痛对方。

因此，朋友间相处，彼此之间需要一定的空间和距离，走得太近，很容易忽视说话、做事的分寸，甚至口无遮拦，导致彼此关系变得紧张。

那么，在人际关系中，根据刺猬效应，我们该如何与他人保持距离呢？

1. 亲密有间，疏而不远

与人交往，关系太疏远，会使人产生沟通障碍，令彼此变得陌生；关系太亲近了，又会使人感到厌倦、疲劳甚至反感。有些人有事没事就把朋友约出来，也不询问一下朋友是否真的愿意，这不但干扰了朋友的工作、休息和生活，也会让朋友觉得厌烦。合适的交往距离，应该是交往既不过多也不过少，应该把握在双方都感觉合适的范围内。

2. 认知上也应该保持一定的差距

我们常常犯的一个错误，就是把自己的想法强加给他人，以为对方的想法与自己一致，而实际情况并非如此。每个人都是单独的个体，所接受的教育和所处的生活环境都是不同的。因此，与朋友交往时一定不能自以为是，以为自己所想就是朋友所想，否则只能适得其反。

3. 君子之交淡如水

在人际交往中，很多人认为与别人的交往越亲密越好，其实不然。如果你不注意保持距离、把握分寸，就可能会在人际交往中受到伤害。比如，你应避免陷入办公室斗争中。你要和你周围的同事都保持着相当的距离，这样一来，你既不属于这一派，也不属于另一派，别人便不会轻易地伤害你。

所以，面对微妙的人际关系，我们提倡“友如作画须求淡”的态度。君子之交淡如水，朋友间过分地亲昵会让其他同事与朋友感觉相对地疏远，影响和他人的正常关系。只有亲密有间的关系，才是恰当的交往关系。留出距离就是给彼此的感情腾出一个足以盛放的空间。为何有朋自远方来不亦悦乎？遥远的距离承载了更多的向往和更多的牵挂，距离换取的是更多的珍惜而不是摩擦。

我们需要注意的是，与人交往应保持距离，但也要把握好度，与朋友相处，如果距离过大，很容易使朋友间的友情变淡。尤其是在日益忙碌的现代社会，人们都在为自己的事业和家庭奔波。紧张的工作之余，几个朋友一起聚聚，能加深感情，但要是彼此都抽不出时间来，即使关系再好的朋友，彼此间的友情也会逐渐变淡，甚至变成路人。所以，为了保持你们之间的友情，为了让你的人生不再孤寂，请遵循这一原则——好朋友之间也要适度保持距离。

心理小贴士

所谓的“保持距离”，说到底就是不要过于亲密，不要让对方觉得没有了私人空间。当然，这种距离，不仅是形体距离，还包括心理距离。最好的处理效果是达到形体疏远而心灵越加贴近。“保持距离”，能使双方产生一种“礼”，有了这种“礼”，彼此之间就会相互尊重，避免摩擦而产生伤害。

自己人效应：用相似的方式去表达

1858年，林肯在竞选美国上议院议员的时候，在伊利诺伊州南部进行演说。那些蓄养黑奴的恶霸们平时就对废奴主义者非常仇恨，为此，他们对林肯到此作反对奴隶制的演说之举恨之入骨，并发誓只要他来就置他于死地。演说之前，林肯说：“南伊利诺州的同乡们，肯特基的同乡们，听说在场的人群中有些人要和我作对，我实在不明白为什么要这样做，因为我也是一个和你们一样爽直的平民，那我为什么不能和你们一样有着发表意见的权利呢？好朋友，我并不是来干涉你们的人，我也是你们中间的一人。我生于肯特基州，长于伊利诺州，和你们一样，是从艰苦的环境中挣扎出来的。我认识南伊利诺州的人和肯特基州的人，也想认识密苏里的人，因为我也是他们中的一个……”

林肯根据听众的情况，通过简短的几句话就将自己和听众联系在一起，让听众产生了“认同感”。他的话竟把可能面对的敌对怒视变为大声喝彩，据说，有些打算与他作对的听众还成了他的好朋友。

这里，林肯运用的就是心理学常用的“自己人效应”。所谓“自己人”，是指对方把你与他归于同一类型的人。“自己人效应”是指人们往往对“自己人”所说的话更依赖，更容易接受。

生活中，我们常常发现，同样一个观点，如果是自己喜欢的人说的，接受起来就比较快和容易。如果是自己讨厌的人说的，就可能本能地加以抵制。有道是："是自己人，什么都好说；不是自己人，一切按规矩来。"

因此，与人交往中，我们若要与他人搞好人际关系，就不能不强化"自己人效应"。强化"自己人效应"，从你这个角度而言，就是要使他人确认你是他们的"自己人"。

与人交往之初，如果你能主动表明你和对方在价值观、态度、兴趣以及其他某些方面相近或者相同，那么，就会让对方感觉到你们是同一类人，进而拉近彼此间的心理距离，最终形成良好的人际关系。

为此，你可以这样制造"自己人效应"：

首先，善于观察，捕捉对方的信息，把握真实的态度，寻找其积极的、你可以接受的观点。这里，你需要做到：

1. 察言观色，寻找共同点

人们的内心世界，包括其精神追求、爱好、生活品质等，都或多或少地会在他们的表情、服饰、谈吐、举止等方面有所表现，只要善于观察，你就会发现你们的共同点。

当然，这察言观色发现的东西，还要同自己的情趣爱好相结合，自己对此也有兴趣，才有可能打破沉寂的气氛。否则，即使发现了共同点，也依旧无话可讲，或讲一两句就"卡壳"或"对牛弹琴"，打动对方更是无从谈起。

2. 揣摩谈话，探索共同点

为了发现对方与自己的共同点，可以在同对方谈话时留心分析、揣摩。比如，你发现对方和你讲共同的家乡话，你便可以以此为突破口，以乡音带动对方的谈话兴趣。

其次，寻找时机，恰到好处地向对方表明你们是“自己人”：

1. 多强调你们之间的共同爱好和兴趣

若与对方有共同点，那么，就算再细微的也要强调，人与人之间一旦有了共同点，就可以很快地消除彼此间的陌生感，产生亲近的感觉。这样不但可以使对方感到轻松，同时也具有使对方说出真心话的作用。

如果对方喜欢集邮，那么你可以对对方说：“我对邮票也非常有兴趣，可是一直不知道如何收集和分类，您能给我一些好的建议吗？”如果对方打扮比较时尚，那么，他可能对时尚潮流信息比较关注，了解到这一点，你在跟对方沟通时就不怕没有话题，也比较容易拉近关系。

2. 多关心对方，从细节入手

一个贴心、懂得关心他人的人一般更容易获得认同感，而该认同感的产生，表明你已经赢得了对方的好感。通常情况下，如果这种好感搁浅，你们会返回到陌生人的状态。因此，你不妨多关心对方，这样一来，你与对方的关系自然会深化。

心理小贴士

通常情况下，人们在接触陌生人的时候，都是抱有防备心态的，如果我们在正式交往之前先做个“热身运动”，向对方表达与之共同的爱好、兴趣或者价值观等，就更容易获得他的好感，接下来的交流也就容易得多。

焦点效应：让他成为“焦点”

心理学家基洛维奇在康奈尔大学做了一个实验，他让某个大学生事先穿上一件名牌衣服，然后让这个学生走进教室。在进入教室前，这名学生认为班上肯定有过半的学生会注意他，但令他意想不到的是，结果只有23%的人注意到了这一点。

这个实验说明，我们总认为别人会对我们倍加注意，但实际上并非如此。由此可见，我们对自我的感觉的确占据了我们世界的重要位置，我们往往会不自觉地放大别人对我们的关注程度，而且，由于自我的专注，我们会高估自己的突出程度。

现在你来想一下，你是不是曾经因为自己在派对上摔了一跤而懊恼很久？你是不是曾经因为在公共场合发型没梳好而觉得很丢脸？如果你的回答都是“是”，那么，你也是个渴望做焦点的人。实际上，并没有人注意到这一点，这是焦点心理在作怪，你完全没必要这么紧张。有实验表明，其实我们（不是公众人物的情况下）并不是那么受人关注。然而，根据人的这一心理，我们可以得出一个获得他人好感的秘诀——满足他人成为焦点的心理。

焦点效应是人类的普遍心理，即把自己当作一切的中心，且高估了外界对自己的关注，这是心理学中公认的一个事实——人都是以自我为中心的。

其实，这在日常生活中也是非常常见的。比如，同学聚会时拿出集体照片，每个人在第一时间基本都是先找自己，且每个人在照片中首先找到的往往也是自己。又比如，我们跟朋友聊天的时候，会很自然地将话题引到自己身上来。每个人都希望成为众人关注的焦点、被众人评论，这就是焦点效应在生活中的体现。

社交生活中，无论交往出于什么目的，我们都要懂得做足“预热”工作。特别是对于陌生人，如果我们一味地说自己的事，对方必然觉得乏味；而如果说对方的事，对方则更愿意听，交谈也必然更顺利。

一位销售人员奉上司之命，去和另一公司谈合作之事。

这天，他来到对方的公司，敲开李总经理办公室的门。李总当时正在忙手上的其他事，便让他先坐在沙发上稍等。他静静地坐了下来，观察了一下李总的办公室：在李总的办公桌后有一个很大的书柜，隐约地，他看见这些书柜里好像摆放了很多书，然而最显眼的还是那幅李总身着博士服的照片。实际上，在来之前，他已经作好了资料收集，这个李总和一般的博士不一样，他是通过自学考上大学，然后一步步走到今天的。这时，这位销售人员对李总的敬意涌上心头。

当他观察完李总的办公室后，李总已经忙完了，他对李总说：“李总，您是博士毕业啊？您的事迹我听过一些，很让人敬佩，您是博士又掌管着这么大的一个公司，国内像您这样的董事长可不多啊！”李总一听，立刻哈哈大笑：“哪里，哪里，过奖了……”于是，李总讲起了自己以前的辛酸历史。

不一会儿，他就带着李总进入商业正题，他今天来的目的就是将公司积压的那批货卖给李总的公司，以解决财政危机。但是，当他如实报出了上司订的价格时，李总的脸色马上就变了，这时他看出了不对劲，于是他又说：“李总，照片上的字是您写的吧，真有气势，你对书法肯定也很有研究吧？”

李总一听，说道：“过奖了……我以前……”

最后，这笔生意很快就谈成了，而他也成了李总的朋友。

这名销售人员是聪明机智的。刚开始，他通过满足对方的心理需求、肯定对方的能力和充满心酸的历史，来拉近和对方之间的距离；在冷场的时候，他再次强化了对方这一需求。不难想象，如果一开始他就直接将正题放在工作上，大谈对方和自己合作的好处，那估计他谈判的过程也不会如此顺利。

事实上，生活中，我们与人相处的时候，并不需要处心积虑地讨好对方，也不需要毫无瑕疵地语言奉承，因为这些都不及让对方做焦点人物来得更有效。

心理小贴士

每个人都想成为焦点，每个人都想博取别人的关注。我们承认，这是一种心理弱点，但确实是普遍存在的。我们在日常交际的过程中，在处理人际关系的过程中，一定不能忽视这种客观存在的“焦点心理”，一定要试着让别人多做焦点。

马太效应：不必苛求绝对的公平

《新约·马太福音》中有这样一个故事：

从前有一个国王，他要进行一次远行，在出门前，他交给他的三个仆人三锭银子，并吩咐他们说：“这些钱是我给你们做生意的本钱，等我回来时，你们再带着赚到的钱来见我。”

过了一段时间，国王回来了，他的第一个仆人说：“陛下，你交给我的一锭银子，我已赚了10锭。”国王很高兴并奖励了他10座城池。

第二个仆人报告说：“陛下，你给我的一锭银子，我已赚了5锭。”于是国王奖励了他5座城池。

第三个仆人报告说：“陛下，你给我的银子，因为我害怕丢失，所以我一直包在手巾里存着，所以一直没有拿出来。”

国王一听，气不打一处来，便将第三个仆人的那锭银子赏给了第一个仆人，并且说：“凡是少的，就连他所有的，也要夺过来。凡是多的，还要给他，叫他多多益善。”

后来这一现象被人们称为“马太效应”。

社会心理学上也经常借用这一名词。马太效应，即强者越强、弱者越弱，一个人如果获得了成功，什么好事都会找到他头上。态度积极、主动执着，你就会赢得物质或者精神财富，获得财富后，你的态度更加强化，你将更加积极主动，如此循环，你才能把马太效应的正效果发挥到极致。

事实上，在我们的生活中，马太效应也处处存在。比如，在一个班级里面，对于那些学习上的尖子生，老师会认为他们在其他方面也是优秀的，并对他们抱以很高的期望。于是，在这种激励下，他们的表现会越来越好。而那些学习成绩差、调皮的学生，就会受到老师的冷落、同学们的孤立等。

再如，那些成功者，在积极的心态的作用下，他们的事业会越做越强；而那些碌碌无为的人，他们只会不时地抱怨世界不公平。的确，生活中，我们总是强调人人平等、公平竞争等，但实际上，这个世界上是没有绝对的公平的。人的心理常常受到伤害的原因之一，就是人们总觉得每件事都应当公平。而其实，我们完全没有必要苛求绝对的公平，这是一种不明智的做法。

根据马太效应，我们在遇到不公平的事时，需要明白：

首先，要关注自己，不要总是将注意力放在别人身上，而应该学会关注自己，这样，就不会因为比较而出现不平衡的心态了。

其次，多关注生活中快乐的事。这样，你会发现，你的心情豁然开朗。生活中的诸多快乐正一件接一件迎面而来，即使不是一个好天气，你也会感到内心的喜悦。

总之，你一定要明白，这个世界上，总是有这样那样不公平的事。越是苛求所谓的公平，你就越会觉得自己正在遭受不公平的待遇。所以，要摆正心态，不必事事苛求百分百的公平，否则就是自己和自己过不去。

心理小贴士

马太效应（Matthew Effect），是指一种好的愈好、坏的愈坏，多的愈多、少的愈少的现象，广泛应用于社会心理学、教育、金融以及科学等众多领域。也许，在你的眼睛里，很多事都是绝对的，你希望能得到绝对公正的待遇，而实际上绝对的公平是不存在的。因此，我们一定要摆正自己的心态，要注重自己的生活，而不要把眼光放在他人的表现上，否则只能徒增烦恼。

第7章

心理误区的心理分析：影响判断力的诸多因素

生活中，我们每个人都需要经常作选择，有些是小的决定，有些是影响我们人生的重要抉择；然而，我们的最终选择常常会受到一些心理误区的影响，如畏惧、经验、传统思维、情绪等。为此，只有远离这些心理误区，我们才能坚信自己的判断、听从自己心底的声音，从而作出正确的决定。

经验和资历是财富，但也可能误导你

在美国加州，有一家老牌饭店——柯特大饭店。

曾经，这家饭店的老板准备筹建一个新式电梯，他重金聘来世界各地的著名建筑师和工程师，希望他们能一起解决这个建筑问题。

不得不承认的是，这些建筑师和工程师们的经验是丰富的，他们根据自己的经验提出，要改造电梯，饭店必须停止营运。而这一点，实在让老板很苦恼，这意味着饭店将要遭受经济上的损失。

他问："难道就真的没有别的方法了吗？"

"是的，我们一致认为，再也没有比这更好的方法了，饭店要停止营运半年，对于经济上的损失，我们也很难过……"建筑师和工程师们坚持说。

就在老板为此头疼的时候，饭店的一个年轻的清洁工说出了一句惊人的话："难道非要把电梯安在大楼里面吗，外面不可以吗？"

"多么好的方法啊！我们怎么没有想到呢！"工程师和建

筑师们听了，顿时诧异得说不出话来。

很快，这家饭店采用了年轻人的计策——在屋外装设了一部新电梯，而这就是建筑史上的第一部观光电梯。

这位年轻人为什么能提出与众不同却又巧妙绝伦的解决难题的方法？这是因为他能跳出专家们的固有思维。的确，在建筑师、工程师们看来，电梯就应该安装在大楼内部，却没想到电梯也可以安装在室外。

日常生活中，人们对于经验丰富和资历老的人往往会心生敬意，因为他们代表着权威，他们的经验能为我们解决问题提供帮助，然而，在积累经验的过程中，他们也会形成一些固定的思维。

事实上，在生活中，很多人在解决问题的时候，都听从了内心所谓的“经验”的摆布。问题不在于他们的技术高低、学识多寡，而在于他们突破不了固有的思维方式。工程师和建筑师们被专业常识束缚住了，而清洁工的脑子里没有那么多条条框框，思路很开阔，所以才会想出令专家们意想不到的妙招。

生活中，我们常常听人说“初生牛犊不怕虎”。而那些资历老的人做事反倒常常畏首畏尾，因为经验告诉他们：如果这样实行成功的概率没有百分百，那么就不要浪费精力了。于是，他们最终放弃了自己的想法。而那些敢于坚信自己判断力的“初生牛犊者”则成了第一个吃螃蟹的人。

的确，现代社会，我们都强调要创新，任何重大发明、发现都离不开创新意识的发挥。任何一个人都应该摒除生搬硬套和墨守成规这两点。学会突破，你才能有所收获。

可见，经验、资历在具备让我们少走很多弯路的这一积极影响的同时，还具有一定的负面作用，那就是影响我们的判断。如果我们想破除经验、资历给我们的思维带来的负面作用，我们就要做到敢于自我否定，摒除观念思维、经验主义等主观定式，不给自己上思维枷锁。具体来说，你需要做到：

1. 多动脑

思考是提出质疑、发现新问题的前提，也是帮助我们找到真理的唯一途径。许多非常成功的人都是善于思考的。牛顿通过对苹果落地现象的质疑产生了关于万有引力的思想；爱因斯坦通过对太阳的质疑产生了关于相对论的思想；爱迪生因为最爱向老师问“为什么”而成为伟大的发明家。试问，一个不善于思考的人又怎么能否定固有经验和思维而有所突破呢?

2. 大胆地说出自己的想法

你要敢于说出自己的想法，遇到问题要敢于打破常规、发挥自己的想象力。凡事没有标准答案，你要敢于提出不同的见解，这样，久而久之，你就能培养出不被经验束缚的判断习惯了。

3. 敢于坚信自己

只要做到真正听从自己内心的声音，相信自己很重要、相信自己正确，你就敢走自己的路，就能不怕失误、不怕失败。在大多数情况下，不自信、不敢走“小路”的人，通常也难成为创新型人才。

心理小贴士

曾有人这样说：“你只要离开常走的大道，潜入森林，你就肯定会发现前所未有的东西。”要想摆脱传统观念和习惯思维的局限，就要鼓励自我打破思维禁锢，突破常规的路线，激活创新的意识。

被欲望填满的眼睛，如何看清前路

在南非的沙比亚丛林，至今还生活着靠打猎为生的原始西布罗族人。他们捕获猎物的方法极为简单——在丛林的湿地处涂上一层胶泥，在胶泥上放一些野味，然后他们就在远处静静地等待。那些食肉动物往往会走进湿地，然后一步步地陷入胶泥之中，越挣扎陷得越深，而“陷阱”中的动物又会引来更多的动物。

几天之后，西布罗族人抬来木板，铺在胶泥上，轻而易举地将猎物收入囊中。

这些动物为什么跑进陷阱去自寻死路？原因很简单，在欲望面前，它们迷失了自己。作为万物之灵的人类，面对这样简单的骗局时，又会怎样呢？答案还是很简单，同样会迷失自己，步入陷阱而不能自拔。

现代社会，放眼所及，在我们的周围，充满着新奇、精彩的各种各样的人、事、物，甚至连人们的衣、食、住、行、育、乐等各个方面，也随时都有着丰富多彩的选择。然而，当我们习惯了过奢侈、繁华的生活时，有一些人反而会因此迷失自己，或者是失去对是非对错的正确判断，甚至为了满足物质的欲望而使自己的生活疲于奔命或者心生为非作歹的念头，以致造成社会当中的不安气氛。我们生活的周围，总是有不断上演着"迷失自己、沦落陷阱"的悲剧。多少为官者在花天酒地中逐渐失去自己当初做人的原则，甚至不惜牺牲人民的利益，最终被绳之以法；又有多少年轻人经不住外界的诱惑，放纵自己，甚至以身试法，最终自食其果。

的确，在这个纷扰嘈杂的世界，金钱、美色、权力、地位、名声充斥了整个现实生活，给人们太多的诱惑。于是人们更多地关注和追求身外之物，迷失在欲望中。这个事实引人深思、发人深省。

其实，之所以会陷入诱惑的泥潭，乃源于内心的欲望。欲望就像毒品，吸食后是会上瘾的。当欲望被满足一次之后，人就会不断地想要满足更多的欲望，那根本就是一个无底洞，而人自身也会变得越来越难以抵御外面世界的诱惑。最后，人被欲望所控制着，甚至成为欲望的奴隶，并最终被那些诱惑所吞噬。所以，我们应该记住：想成大事，必先克制内心的欲望，学会抵御外面世界的种种诱惑。为此，你必须做到：

1. 警示自己

我们可以以前人的正反事例来警示自己。现实中的许多人，因为贪婪，以致身败名裂，留下千古骂名，到头来后悔晚矣。我们要时刻以这些事例警示自己，消除贪婪心理。

2. 自我反思

不想迷失自己，还需要做到常反省自己。人生虽然是不断前进的，但前进的过程中，难免会出现一些阻碍、陷阱等，一个人想不迷失自己，就应时时反省自己，排除前进道路上的种种诱惑和阻碍，从而使人生之路越走越宽。

你可以自己在纸上连续20次写出“我喜欢……”这个问题的答案。回答时应不假思索，限时20秒钟。待全部写下后，再逐一分析哪些是合理的欲望，哪些是超出能力的过分的欲望，这样就可明确贪婪的对象与范围。最后，对于造成贪婪心理的原因与危害，作较深层的分析。

3. 常保知足之心

心理调适的最好办法就是做到知足常乐，“知足”便不会有非分之想，“常乐”便能保持心理平衡。

总之，生命的过程不可能重新来过，因此，我们必须珍惜这仅有一次的生命。面对名利，我们必须要学会自控，充实自己的内心，坚守自己的心灵，以清醒理智的态度步履从容地走过人生的岁月。只有这样，我们的生活才会更加轻松自在，我们的人生才会丰富多彩。

心理小贴士

我们都是平凡的人，我们都有一定的心理需求，甚至连哲学家们都无法摒弃人性的这一弱点。但欲望毕竟是无止境的，一个人只有学会不断修剪自己的欲望，才能用眼睛看清楚前方的路。

不因他人之言而轻易动摇

下班后，你需要留下来赶点工作，但身为你竞争者的同事一直在给你打电话，约你去喝一杯。这时，你怎么办？你是继续加班还是去喝上一杯？如果你选择后者，那么，只能说明你是个容易被他人影响的人。

有这样一位企业领导，他有个长处，那就是不受他人干扰。即使有人在他旁边唠唠叨叨，他也能静下心来把事情完成，并且干净利落，决不拖泥带水。他那种明快果决的魄力，十分令人佩服。

然而，生活中的我们，往往做不到这样，我们常被身边的各种问题困扰、烦心。因为我们太容易被周围人的闲言碎语所动摇，太容易瞻前顾后、患得患失，以至于给外来的力量以左右我们的机会。似乎谁都可以在我们的思想天平上加点砝码，随时都有人可以使我们变卦，结果弄得别人都是对的、自己却没有主意，这真是我们成功途中的一个大障碍。

的确，人世间有太多能扰乱我们心绪的因素，对此，我们要懂得调节，避免他人的有意干扰。为此，我们需要注意以下几点：

第一，学会让自己安静。把思维沉浸下来，慢慢降低对事物的欲望。经常将自我归零，每天都是新的起点，没有年龄的限制。只要你对事物的欲望适当地降低，你就会赢得更多的求胜机会。

第二，学会关爱自己。只有多关爱自己，才能有更多的能量去关爱他人、帮助他人。善待自己，也是让自己平静下来的一种方式。

第三，学会放松心情烦躁的时候，喝一杯温水，放一曲舒缓的轻音乐，闭眼，回味身边的人与事，对新的未来可以慢慢地梳理。这既是一种休息，也是一种对未来冷静的思考。

第四，多和自己竞争。没有必要嫉妒别人，也没必要羡慕别人。你要相信，只要你去尝试，你也可以做到。为自己的每一次进步而开心。

第五，广泛阅读。阅读实际就是一个吸收养料的过程，你的求知欲在呼喊你，要活着就需要这样的养分。

第六，不要怕工作中的缺点和失误。成就总是在经历风险和失误的自然过程中获得的。懂得这一事实，不仅能确保你自己的心理平衡，还能使你自己更快地向成功的目标挺进。

第七，不要对他人抱有过高期望。百般挑剔，希望别人的语言和行动都符合自己的心意，投自己所好是不可能的，只会自寻烦恼。

第八，学会忍耐，用自己的智慧改变现有的状态。你需要把目光放长远一些，多一些忍耐，忍耐别人的讥讽；多一些忍耐，忍耐身体的疲惫；多一些忍耐，忍耐成功前较少的收获。需要忍耐的太多，但是，只要能够看到成功的到来，任何忍耐都是值得的。

心理小贴士

在作判断的时候，对于世俗的复杂环境，我们能避开的就避开，不要轻信别人的胡言乱语，要有自己的主见。你要有坚定的信念，只有当机立断，相信自己的判断和能力，远离小人，你的事业才会成功。

行动需要靠原则来指导

生活中，我们常这样评价一个人：他做事很有原则。很明显，这是一个正面、积极的评价。生活中的人们，在遇到一些问题的时候，可能不知从何下手、不知如何解决，此时，你不妨抛弃那些摇摆不定的想法，从原则本身出发，这样才能保证你的选择是正确的。

那么，什么是原则呢？原则是说话或行事所依据的法则或标准。它规范着人应当怎样、不应当怎样，可以怎样、不可以怎样。但凡一个人，在想问题、干工作、办事情的过程中，都有一个讲原则的问题。是否敢于、善于讲原则，是一个人、一个单位、甚至一个国家修养和素质的一块试金石。

曾经，在哈佛大学发生过这样一个真实的故事：

1986年，对于哈佛大学所有的师生来说是特别的一年，因为这一年正是哈佛大学建校350周年，当时，里根总统被邀请发表演说。但让哈佛的校长和教授们感到诧异的是，里根总统居然提出了一个要求，他希望自己能成为哈佛大学的荣誉教授。最终，一向以学术水平为基准聘用人才的哈佛大学拒绝了里根的要求。

试想，如果换作某些大学，当总统提出担当名誉教授的要求时，又有几家能够坚持聘任教授的原则而拒绝呢？哈佛却做到了。在政治化、商业化的熏染下，许多大学向权力意志的行政机构蜕变，学术自由、崇尚真理的大学传统正在经受挑战。哈佛人恪守自身的原则，才更显其伟大。

北宋时期著名的文学家和政治家晏殊，14岁被地方官作为“神童”推荐给朝廷。他本来可以不参加科举考试便得到官职，但他没有这样做，而是毅然参加了考试。事情十分凑巧，那次的考试题目是他曾经做过的，而且得到过好几位名师的指点。这样，他不费力气就从千名考生中脱颖而出，并得到了皇帝的赞赏。但晏殊并没有因此而扬扬自得，相反，他在接受复试时，如实地把情况告诉了皇帝，并要求另出题目、当堂考他。皇帝与大臣们商议后出了一道难度更大的题目，让晏殊当堂作文。结果，他的文章又得到了皇帝的夸奖。晏殊当官后，每日办完公事，总是回到家里闭门读书。后来皇帝了解到这个情况，十分高兴，就点名让他做了太子手下的官员。当晏殊去向皇帝谢恩时，皇帝又称赞他能够闭门苦读。晏殊却说：“我不是不想去宴饮游乐，只是因为家贫无钱，才不去参加。我是有愧于皇上的夸奖的。”皇帝又称赞他既有真实才学又质朴诚实，是个难得的人才，过了几年便把他提拔上来，让他当了宰相。

晏殊为人诚实，表里如一，不弄虚作假，这是我们每个人应该学习的。天下最糟糕的事就是不讲原则。不能否认，现实生活中可能坚持原则、刚正不阿者却命运坎坷；八面玲珑、圆滑世故者却左右逢源的现象，但是，这只是一时的结果，对于人生来说，这一点甜头只会为日后种下苦果。

正确的原则犹如灯塔，不会移动。它们是自然法则，我们打破不了。我们要么让自己与它们相悖，要么去学习它们、调整它们、利用它们，并感激它们，然后我们自己得以发展、得以解放，得到使用这些原则的能力。

因此，生活中的人们，不管干什么，都要有自己的原则。这里的原则既包括办事的方法，也包括为人处事的主见、立场。一味地迁就、顺从别人，实际上是软弱的表现。做人不能没有原则，没有了做人的原则，也就没有了衡量对与错的尺度。

心理小贴士

从原则出发，应该成为我们每个人考虑问题的第一考量。的确，随着时代的变迁，我们应学会调整自我，但更应恪守不变的原则。在坚持固有原则的基础上，逐渐创立自己新的原则，使自己不断发展、完善。

确立正确的择友标准

人生在世，我们都有几个朋友在关键时刻为我们伸出援助的手，但很多时候我们并不明白朋友的真正含义，也不明白谁才是我们真正的朋友。你要记住，朋友是在你走向黑暗的时候为你点亮明灯的那个人；朋友不是因为你现在处于困难时期就离你远去的人，朋友不是因为你处在人生低谷的时刻就抛弃你的人。真正的朋友不会人云亦云，不会在你的伤口上再洒上一把盐，不会因为小人对你的栽赃而远离你。因此，我们要有正确的择友标准。

那么，我们应该选择与什么样的人交朋友呢？

这个问题不能笼统而论，因为每个人的需要是不一样的，所以择友上也有不同的标准。不过，择友也是有一些规则的。古人云："择友如择师。"总体来说，我们在交友上应该做到以下三个方面：

1. 拓宽自己的交友面

人的需要是多方面的，因此，多层次、全方位的人脉网无疑对自己的发展是有益的。当然，我们应该把那种见利忘义、损人利己的"小人"排除在外。"人非圣贤，孰能无过"，如果有一两个敢于当面批评自己过失的诤友，那真是人生的一大幸事。因为挚友对我们的批评是出于一种我们可以理解的、平等关系上的关怀与善意的指责，所以，这样的意见也很容易被我们接受和采纳。

2. 善于观察，交益友

古语云："近朱者赤，近墨者黑；交友之道，莫敢不慎。"要做到择友审慎，就要在交友上悠着来。在还未了解对方基本品质之前，仅凭一时的"谈得来"和相互欣赏就急急忙忙、贸然地把自己的信任与情感全盘托出，是容易为以后不良关系的产生埋下伏笔的。恪守日久见人心的古训，通过与他人的多次交往与活动，观察对方的言谈与举止，以洞悉对方的个性、爱好、品质，觉察他的情绪变化，从而判断他是否值得深交。

3. 与不良朋友划清界限

孔子曰："损者三友，益者三友。"我们要和有道德、有思想、有抱负的人做朋友，要和遵纪守法、正直、善良的人做朋友，要和学习与工作认真、兴趣广泛的人做朋友，而对于那些不良朋友，一定要与之划清界限。

总之，我们需要记住的是，我们不可能有"三头六臂"，无法面面俱到地应对各种不同的人，但是，对于选择与什么样的人交往，我们是有自主权的。只有那些品行良好的益友，才会在关键时刻与我们患难与共，才能陪我们一起走过人生的风风雨雨。

心理小贴士

交什么朋友，与什么样的人交往，会对我们的一生产生影响，不但影响着我们的言行、穿着打扮、处世方式、兴趣爱好，还影响着我们自身的价值观以及对自我的认识。

第8章

表情语言背后的含义

生活中，我们偶尔会听到这样一个名词——微表情。微表情的概念最早是由美国心理学家保罗·埃克曼在1969年提出的，后来随着美剧《别对我撒谎》的热播而流行起来。微表情，是内心的流露与掩饰，是心理学名词。通常来说，人的微表情是下意识的，为此，我们可以以此为突破口来察看一个人的内心活动。当然，在此之前你必须学会细心观察、仔细揣摩，因为微表情持续的时间很短暂，转瞬即逝。

微表情透露你心中的潜台词

在《红楼梦》中，有这样一则故事：

贾敬大寿，宁府设宴唱大戏，少不了亲戚朋友捧场。王熙凤因为秦可卿重病，先去探望病人，在穿过花园去赴宴的途中遇见了贾瑞。凤姐儿正自看园中的景致，一步步行来赞赏。猛然从假山石后走过一个人来，向前对凤姐儿说道："请嫂子安。"凤姐儿猛然见了，将身子望后一退，说道："这是瑞大爷不是？"贾瑞说道："嫂子连我也不认得了？不是我是谁！"凤姐儿道："不是不认得，猛然一见，不想到是大爷到这里来。"贾瑞道："也是合该我与嫂子有缘。我方才偷出了席，在这个清净地方略散一散，不想就遇见嫂子也从这里来。这不是有缘么？"一面说着，一面拿眼睛不住地觑着凤姐儿。

不得不说，王熙凤虽然有时候心肠歹毒，但她是个出色的交际家，十分善于看穿一个人的心思。这段故事中，凤姐儿自然能从贾瑞这一表情中看出他的叵测居心。她对贾瑞一番戏弄以后，看贾瑞远去，心里暗忖："这才是知人知面不知心，哪里有这样禽兽的人呢！他如果如此，几时叫他死在我的手里，他才知道我的手段！”而贾瑞最终也被王熙凤戏弄致死。我们姑且不去讨论王熙凤的歹毒，从这一段故事里我们可以发现，正是那八面玲珑和敏锐的观察力，才使得王熙凤能在贾府中如鱼得水，一人之下万人之上。

心理专家称，“微表情”最短可持续1/25秒，虽然一个下意识的表情可能只持续一瞬间，但其很容易暴露情绪。

我们在与人交往应酬的过程中，不难发现，一个人的语言可以掩饰自己的内心世界，但他的微表情可能会出卖他的真心。从这些入手，我们就能一眼洞察别人的内心世界，从而方便自己实行下一步的应酬策略。比如：

（1）说话时两边嘴角下拉、眼神往下表示尴尬。

（2）嘴唇紧闭、鼻孔外翻表明很生气。

（3）真笑与假笑的区别是眼角有无皱纹。

（4）当一个人面部表情两边不对称的时候，表明他的表情很可能不是发自内心的，当然，脸部受过伤的人则另当别论。

（5）害怕、愤怒和性兴奋都会使人的瞳孔放大。

（6）恐惧时，眉毛可能上挑并挤在一起。

（7）超过一秒钟的吃惊状就是假装的，任何微表情都是转瞬即逝的。

（8）额头、眼角有纹路产生表明陷入悲伤，当然，做过拉皮手术的人，会因为脸部肌肉麻痹而导致出现此情形，这种情况另当别论。

（9）说话后抿嘴表示对自己的话无信心。

（10）眉毛上扬、下颚张开表示惊讶。

（11）眉毛朝下紧皱、上眼睑扬起、眼周绷紧，表示将要实施血腥暴力行为。

（12）明知故问的时候眉毛会微微上扬。

（13）如果对方对你的质问显露出不屑，说明你的问题触碰到了对方的痛处。

在日常生活中，如果我们错误地理解“微表情”的含义，我们就会对交流对象形成错误的判断。这会增加人们之间的隔阂，有损相互之间的信任。如果理解了“微表情”，我们就更能够从一闪而过的表情信号里发现有价值的信息。

心理小贴士

人们通过做一些表情把内心感受表达给对方看，在人们所做的不同表情之间，或是某个表情里，脸部会“泄露”出其他的信息。当面部在做某个表情时，这些持续时间极短的表情会突然一闪而过，而且有时表达的是相反的情绪。也就是说，一个人的微表情可能会下意识地表露出他的真心。

不同眼神分别代表什么心理活动

在人类的感觉器官中，眼睛是最重要的器官之一。科学家经过研究证实，人类有80%的知识都是通过眼睛观察得到的。眼睛不仅可以读书认字、看图赏画、欣赏美景、观察人物，还可以辨别不同的色彩和光线，然后将这些视觉形象转变成神经信号，传送给大脑，从而增强人类的记忆能力。

人们常说，眼睛是心灵的窗户。在交谈过程中，眼睛是仅次于语言的重要工具。人与人之间除了需要语言的交流外，眼神的交流也是必不可少的。在人类的面部表情中，眼神是最为微妙复杂的，不管是用眼神表达信息，还是准确地理解别人的眼神所表达出来的信息，都非常困难。很多时候，眼神是无法掩饰的，因此往往更能真实地表达出一个人的品质、修养以及心理状态。如果能够充分地理解别人的眼神所表达的意思，那么你就能够觉察到对方真实的内心世界，从而更好地与之交流。

杜薇是刚毕业的学生，有幸的是，她获得了一家大型公关公司的策划人员这一职位，成为人们羡慕的白领一族。

上班第一天，她心情忐忑地来到公司。如她所料，办公室果然是美女如云，站在人群中，杜薇突然有一种“丑小鸭”的感觉。正在想时，一个美女走过来，热情地冲杜薇打招呼，杜薇自然也是热情地回应。然后杜薇打量了这位同事，见她颇有王熙凤的风范——一身很惹眼的名牌。而正当这位同事和她说话时，她看到其他好几个同事都投来鄙夷的眼神，杜薇意识到这应该是一个不受欢迎并且爱表现的同事，于是她给自己敲了一个警钟：以后不要和这同事深交，否则，不仅在职业上没有上升的空间，还容易得罪其他人。

上班的第一天，根据自己的观察，杜薇把办公室的同事以及领导划归为几个类型，并用不同的方式与他们每个人相处。之后，不到半年，她就在一片支持声中升职了。

现代社会的职场人士，除了要具备一定的职业能力外，还必须学会怎么和同事、上司相处。杜薇的聪明之处，就在于在上班的第一天通过同事们的眼神了解到办公室的同事关系，给自己打了预防针。

那么，不同的眼神有什么不同的含义呢？下面，让我们一起来学习学习：

1. 眼神能反映一个人的自信程度

一般来说，自卑的人，眼神往往躲躲闪闪，很难长久地注视别人，一旦发现别人在注视他，就会将视线突然移开；性格内向的人，无法将视线集中在对方身上，即使偶然看对方一眼，也是一闪而过，这种人往往不善交际；而那些自信的人，他们的眼神是笃定的、坚定不移的。

2. 眼神能反映一个人的专心程度

听别人讲话时一边点头一边左顾右盼，从来不把视线集中在谈话者身上，这说明听话的人对说话的人以及所说的话题不感兴趣。凝神倾听的人，总是将视线集中在对方的眼部和面部，以表示对对方的尊重和理解；心不在焉的人，注意力集中在自己正在干的事情上，不仅不看对方说话，而且反应冷淡。

3. 眼神能反映一个人的情感

如果两个人彼此心存好感，那么两人说话的时候往往喜欢注视对方的眼睛，以达到眼神的沟通、心灵的交流；相反，如果两个人话不投机，两人就会尽量避免注视对方的目光，以消除不快。此外，漠视的眼神给人一种拒人于千里之外的感觉，还有一种轻蔑的意思在里面；眯视也是不太友好的表现，给人一种睥睨和傲视的感觉。

心理小贴士

在人际交往中，眼神的交流作用重要。很多时候，眼神是无法掩饰的，因此更能真实地表达出一个人的品质、修养以及心理状态。如果能够充分地理解别人的眼神所表达的意思，那么你就能够读懂对方真实的内心世界，从而更好地与之交流。

鼻子传达出的情绪信息

在人的面部五官中，眼睛很灵活，嘴巴很灵巧，那么，鼻子呢？相比之下，除了耳朵之外，鼻子的表情是最少的。绝大多数人都知道以下列举的鼻子的生理功能：鼻子，长在面部的中间位置，是面部的制高点。鼻子有两个鼻孔，鼻孔中还有许多鼻毛，不仅守卫着人体的呼吸道（用鼻毛阻止灰尘的入侵，保证气管和肺部的清洁），还能对吸入的冷空气加温，以减轻冷空气对气管的刺激。

除此，鼻子还能表情达意。大家肯定会问：鼻子既不像眼睛那样能够灵活转动，也不像嘴巴那样能言善辩，怎么可能会表情达意呢？的确，一般来说，鼻子除了一张一翕和蹙起来之外，很少能够主动做出动作，而只能被动地被手捏来捏去或者摸一摸。然而，虽然鼻子所传递的信息远远不如眼睛和嘴巴丰富，但是，即使这样，鼻子也能给我们提供很多的身体语言信息，也会做出面部表情中不可忽视的微表情。有的时候，鼻子做出的微表情也能够泄露一个人的内心世界。

有位研究身体语言的学者，为了弄清“鼻子”的“语言”问题，曾作过一次调查。他选择的地点是机场和码头这些人流量较大的地方，观察了一个星期后，他得出了这样一个结论：人的鼻子是会动的，因此，它是有身体语言的器官。他说，在进行观察时候，他发现，人们的鼻子在受到一些异味或者香味的刺激时会有明显的张缩动作，在严重的情况下甚至会微微地颤动，接下来往往就出现“打喷嚏”现象。他认为，这些“动作”，都是在发射信息。

因此，如果我们也能读懂鼻子部位的“语言”，那么，我们必然也能更深入地了解他人的内心。

为了便于大家识记，我们总结了以下九种鼻子的表情达意的功能。

（1）皱鼻子：表示厌恶。

（2）歪鼻子：表示不信任。

（3）鼻孔一张一翕：表示愤怒。

（4）抖动鼻子：表示紧张。

（5）哼鼻子：表示排斥和蔑视。

（6）抽动鼻子：表示在闻气味。

（7）捏鼻梁：极度疲劳或者思考难题的时候，人们习惯于用手捏鼻梁。

（8）挖鼻孔：这是一个不雅的动作，很多人在公共场合会控制自己不做出这样的举动，不过，仍然有一些人会在遇到挫折或者特别无聊的时候用手指挖鼻孔。

（9）揉鼻子：表示说话人有可能在编造谎言。

考虑难题时，有的人会情不自禁地捏鼻梁，这是因为鼻梁下的鼻窦部位在紧张时会产生轻微的痛感，用手指捏鼻梁是对疼痛的一种反应。同样的道理，当有人故意刁难我们的时候，为了掩饰内心的混乱，勉强应付，我们会很自然地把手挪到鼻子上，触摸它、揉捏它，甚至用力地压挤它，似乎鼻子因为内心的冲突而产生了瘙痒感。在不善撒谎的人群中，这种情形尤其常见。

此外，我们发现，当人们在紧张的时候，鼻子便会出汗。这是为什么呢？人在压力和紧张之下，身体会因为荷尔蒙的关系而存储热量，接下来，这些热量会相继被传送给身体的其他部位，如大脑和四肢，这时，体温便会升高。然而，人的体温只有在正常的温度下才能进行正常的运转，于是这些体温以汗液的方式被排出体外，从而排解紧张情绪。由于汗腺所在部位不同，其对于感觉和心理刺激及对于热的刺激的反应也有所不同。在紧张和压力下，神经冲动一般会由大脑皮质最先传达到鼻子上，从而导致鼻子上小汗腺的分泌排泄活动在短期内迅速增强，使鼻子上汗液增多。

心理小贴士

鼻子能给我们提供很多的身体语言信息，也能做出面部表情中不可忽视的微表情。有的时候，鼻子做出的微表情会泄露一个人的内心；而有的时候，鼻子的表情未必是真实心理的流露，因为也有可能是习惯使然。为了避免在与人交往的时候引起误会，如果你的鼻子有做错表情的坏习惯，那么就要赶紧改一改了。

连续眨眼时的心理活动

王晓是学市场营销的，毕业之后，他在一家化妆品卖场担任男士化妆品的推销员。他很会察言观色，因此推销的业绩非常好。

这个周末，卖场来了很多消费者，当然也不乏男士。尽管人很多，但忙碌的王晓还是在人群中发现了一个特殊的男客户：他大概三十多岁，一身简单又名贵的穿着。来到卖场，他一句话不说，只是不停地看化妆品。

面对这样的客户，几个推销员在收到“爱搭不理”的回应后，就不再招呼他了。而王晓则发现这个客户有个特殊的动作——他在看推销员为其他客户介绍产品的时候，总是不停地眨眼睛，并且，他眨眼睛时每次都会闭上2～3秒。

王晓知道这种客户一般猜疑心重，对于推销员的话不相信，所以才会有这样的表情。于是他只是站在不远处，并不作过多的介绍，等这个男人抬头寻求帮助的时候，他才过去帮忙介绍产品的功能和价格。很快，这位客户购买了商品匆匆离开了。

这则销售案例中，在其他推销员无计可施的情况下，推销员王晓并没有贸然推销，而是先观察客户，从客户的肢体语言——总是不停地眨眼，眨眼时闭眼时间长，并不说话中判断出客户不理睬推销员是因为其疑心重，于是在客户需要帮助的时候才过去介绍产品的功能和价格，从而顺利地把产品推销出去。的确，专业的推销员都能从客户的表情中知晓对方的内心活动。如果客户对你眨眼睛，而且频率非常地慢，那表明客户对你的话表示蔑视和嘲笑，也就是对你的产品介绍根本没有兴趣。如果你继续进行下去，势必没有任何效果，还会引起顾客的反感。这时候就要积极地改变策略，转移话题，重新想办法说服顾客。当你发现顾客眨眼睛的频率变快的时候，说明你的说服起到作用了，客户开始动心了。

这里，我们可以发现，眨眼这个看似很小的微表情，也透露着一个人的内心。一般来说，眨眼有三种：第一种是随意性的眨眼；第二种是保护性的，当遇到有潜在危害性的视觉刺激（如强光）时，人会眨眼；第三种是自主发生的眨眼。据有关研究，第三种眨眼每天约有一万五千次。

那么，眨眼这个小动作到底有什么秘密呢？

1. 闭眼时间延长：蔑视的表现

一个人在和你谈话时，如果他每次眨眼时都会闭上2～3秒甚至更长的时间，那么表明他对你的话不感兴趣，出现了厌烦情绪，他希望你能立即打住话题。对此，你应该知趣一点；而如若他一直闭着眼睛，这说明他根本不想看见你。

2. 眨眼速度加快：感兴趣的标志

对方眼睛闪烁，说明他对你们之间的交谈兴趣浓厚。

举个很简单的例子，如果你是一个公司的领导，这天，你召开了一个会议，所有下属好像都在认真地听你讲话，但事实上真是这样吗？当然不是，对此，你可以通过下属们眨眼的频率来判断。

3. 从眨眼频率看他是否在撒谎

一般来说，人们在正常且放松的情况下，眼睛每分钟大约会眨动15次，每次眨眼时眼睛闭上的时间只有1/10秒。但当人们撒谎时，人们眨眼的频率会明显提高，而且人们闭上眼睛的时间会比正常情况长1/10秒。

有关专家进行了进一步的研究，他们将被测者分为两组：第一组人自由活动10分钟，活动内容尽量简单，从而使这10分钟不会做出任何需要说谎掩盖的事；第二组人被告知一会儿提问的试题和答案放在哪儿，以便他们测试时可以用到。之后研究人员让被测者在回答问题时戴上特制的可以测试眨眼频率的仪器。

结果发现，说真话的人，眨眼频率会比一般情况下微微高一些，这是因为他们怕回答不好问题而产生了焦虑情绪（显然从语气中也可以听出他们有焦虑情绪）。至于说谎者，他们的眨眼频率变化非常明显，先是稍微下降，反映出被测者在思考，如果被问到，该如何不留痕迹地撒谎，所以他们自我安慰要保持冷静。在正式说谎后，他们眨眼频率大幅上升，此时眨眼行为是不受大脑控制的下意识行为，而谎言也暴露无遗。

当然，我们还需要注意的是，无论什么情况下，一个人若总爱“挤眉弄眼”，则要担心他是否有“抽动症”等疾病了，最好到相关医院检查一下。

心理小贴士

从一个人的眨眼频率上，我们能看出他的内心活动，包括他的情感好恶、他是否在撒谎等。了解对方眨眼背后的含义，能帮助我们做出进一步的交流措施。

嘴巴传达出的情绪信息

曾经，在美国的一所研究院内，有两个研究员就人的嘴巴作了这样一个研究：

他们通过研究著名的“蒙娜丽莎”画像，发现嘴巴能够表达喜悦和悲哀，而眼睛却不能反映真正的表情，只能反映情绪的紧张程度。第一步，他们在数码化的画像上增加干扰图案，这样，画像看上去就像一幅模糊不清的电视画面。接下来，为了达到测试的效果，他们继续改变干扰图案。然而，改变的部分只是画像的一半——要么是上半部分，要么是下半部分，这样做有利于他们看出改变人物心情的到底是眼睛还是嘴。

最终的结果很明显，最能体现蒙娜丽莎情绪变化的是她的嘴而不是眼睛。为了验证试验的准确性，两个研究员还使用了其他女性的照片进行了相同的测试，结果完全一样。

通过这个试验我们得知，尽管我们无法否定眼睛的表情达意的功能，但是，我们也不能忽视，嘴巴的动态也具有非常重要的表达功能。

嘴巴的动态有很多种，在人际交往的过程中，如果能够细致地观察对方的嘴巴的动态，就可以洞察对方的内心世界，使交往更加顺利。

玲玲在现在这家广告公司工作已经三年了，她担任的是老板秘书这一职务。然而，她现在拿的还是三年前的工资，为此，她很想跟老板提提加薪的事。毕竟，公司里比她来得晚的新职员都加薪了。然而，怎样才能找到合适的时机呢？老板通常是喜怒不形于色，因此职员很难判断老板的心情如何。不过，玲玲平时对心理学书籍比较感兴趣，她曾在一本书里看到，可以通过一个人说话时嘴巴的动态来了解他的心情。就这样，玲玲整整观察了十几天。突然有一天，她发现老板看起来与往日不同，他的嘴角微微上翘。虽然几乎不易觉察，但这个细节还是被玲玲捕捉到了，由此，玲玲断定老板的心情很好。所以，处理完手里的工作后，玲玲来到了老板的办公室，以即将结婚为由，委婉地提出了加薪的请求。果不其然，老板的心情真的很好，他不仅痛痛快快地承诺从本月起给玲玲加薪20%，还说等玲玲结婚时一定要通知他。就这样，仅凭着一丝不易觉察的微笑，玲玲顺利地实现了自己的心愿。

由此可见，在职场中，无论是面对上司还是面对同事，我们都可以通过观察对方的嘴巴动态来了解对方的内心，从而更加顺利地实现良好的沟通。

那么，我们从人的嘴巴的动态上到底能看出什么呢？

1. 交谈时嘴唇的动态能够反映出说话人的内心世界

说话时以手掩口的人性格内向、故步自封，生怕被别人看穿心思；交谈时下嘴唇向前撇，表明其不仅怀疑你所说的话，还想反驳你；上下嘴唇一起往前噘，表明此人处于防御状态；嘴唇的两端略微向后的人注意力比较集中，但是缺乏坚持的毅力，很容易受到他人的影响；在交谈时咬嘴唇或者双唇紧闭的人，可能是在反省自己，也可能是在用心倾听或者分析对方所说的话；交谈时经常舔嘴唇的人正在压抑着自己紧张或者兴奋的心情。

2. 嘴角的弧度也能判断一个人的性格

喜欢把嘴巴缩起的人，做事认真细致，很难敞开自己的心扉，疑心病重；嘴抿成“一”字形的人是实干家，性格坚强，能够圆满地完成上司交代的任务，事业发展相对顺利；嘴角微微上翘的人活泼外向，心胸开阔，灵活机智，为人随和，很好相处；嘴角向下撇的人固执己见，很难被说服。

3. 可以根据对方的笑容判断其性格

开口大笑的人嘴巴大张，性格豪放，做事不拘小节，光明磊落，缺点是没有耐心，总是知难而退；狂笑的人嘴巴近似于圆形，擅长社交，洒脱不羁，给人一种亲切感，喜欢冒险，乐于助人，适合做与人打交道的工作，很容易获得成功；微笑的人嘴角微微上翘，看起来很和善，性格内敛，沉默寡言，不善于与人交流，比较注重内心世界，心思细腻，擅长分析对方的言语。

心理小贴士

人的嘴巴相对比较灵活，能够做出不同弧度的动作。通过解读这些丰富的嘴部动态，我们可以掌握一个人内心的情绪波动。

第9章

不同手势背后的含义

生活当中，经常有一些事是人们不愿说出来的，在相互的猜测中，你是否曾因为不能正确理解周围人的感受而使彼此受到伤害呢？其实，能帮助我们洞察人心的方法有很多，从人的手指这一部位入手，分析人的手部动作传达的一些秘密，也能帮助我们找到隐藏在肢体动作中的潜台词。

十指交叉有什么含义

高宏是一名经验丰富的审讯人员，有一次，他接到上级命令，要对一个巨大的跨国诈骗集团的头目进行审讯。

这名犯罪嫌疑人叫杰森，曾就读于国外的一所名牌大学的金融系，还同时拿到了法律系的毕业证书，可以说是一个人才，他深谙如何通过钻法律空子挣钱。

刚开始时，审讯工作很难进行，因为杰森确实太聪明了，他也很熟悉警方的办案程序和审讯程序。无论高宏问什么，他都很配合地回答，但他的答案简直滴水不漏，高宏根本找不到任何破绽。他根本分不清杰森哪句话是真的、哪句话是假的。就这样，高宏审讯了杰森好几天。高宏为此很担忧，因为根据法律规定，如果扣留嫌疑人一定的时间再找不到证据，就必须放人。高宏告诉自己，绝不能让这个犯罪分子逍遥法外。最后，倍感焦急的高宏接受了他学心理学的妻子的一个建议——看对方的无声语言：手势。

后来，高宏派人在审讯室里装了几台摄像机，这样，他便能在审讯结束后看清楚杰森的一举一动。

果然，在看录像带的时候，高宏发现嫌疑人的手势发生了改变：在回答某些问题时，杰森的双手很自然地放在腿上一动不动。在回答另外一些问题的时候，虽然杰森的眼神依然十分镇定、真诚地看着高宏，回答的内容也没有任何破绽，但双手开始不自觉地作十指交叉状。高宏以此为线索展开案件调查，终于把犯罪分子绳之以法。

也许，直到锒铛入狱的那一天，犯罪分子也无法理解自己哪里出了纰漏。其实，帮助高宏破案的关键就是“十指交叉”暗喻的心理——掩饰自己内心真实想法的外在表现。

生活中，也许我们会经常做出十指交叉这一手势，我们会认为这是个不经意的动作，而实际上，这一动作也是一个人内心情绪的体现。当然，十指交叉手势，手位置的高低与消极情绪的强弱有关，较高位置的十指交叉比较低位置的十指交叉更消极、更抵触。具体来说：

十指交叉，自然放置，说明对方此时心平气和，并且比较自信。此时，如果你希望对方接受你谈话的论点，那么想必你要找出一些强有力的证明来了。

十指交叉，一手手指抚摸另外一手，这一动作说明对方此时内心比较不安、焦虑，或者正处于高压或怀疑的情况下，他这一动作是为了安慰自己的大脑。与他接触和谈话时，你首先要做的事就是给对方信任感，让对方安稳下来，使其愿意接受你，对你敞开心扉。否则，双方沟通会很困难。

十指交叉，双手紧握，说明对方此时已经开始自我否定了，他的内心是沮丧和消极的，如果你正与他较量，那么此时就是你一举拿下对方的最好时机。

十指交叉，放在胸腹之间，说明此人已经在心里拒绝了你。此时，即使你再强调自己的观点，对方也不可能再接受你。这种情况下，你可以采取另一些较为轻松的交流方式，如先为对方送上一杯饮料。总之，要想办法让对方解除十指交叉的姿势。否则，他会拒绝你所有的想法和观点。

十指交叉，放在大腿上，并且伴有拇指指尖相顶，说明此人处于比较尴尬的境地，不知如何自处，或者是谈话内容让他感到进退两难。当对方出现这种手势的时候，我们不妨给出几个建议，让他进行选择。

十指交叉，双手拇指向上伸直，说明此人此时对交谈的内容很感兴趣，并且对自己说的话十分有信心。

十指交叉，眼睛平视对方，出现这种手势说明对方已经失去耐心，正在压抑内心的不满。此时，应该把话语权交给对方，或者停止交谈，以免引起对方的反感。

十指交叉，放在脸前，这是一个十分明显的敌对动作。当对方做这种动作的时候，等同于在传达“别说了，我不想听”“我不相信你”“我不认为这个可行”“我想结束谈话”等消极情绪，此时应该结束谈话。

总体来说，十指交叉手势，手位置的高低与消极情绪的强弱有关，较高位置的十指交叉比较低位置的十指交叉更消极、更抵触。所以，当对方做出十指交叉手势时，不要再认为这是一个不经意的动作了。

心理小贴士

当一个人十指交叉于身体的不同部位时，它所体现的情绪和心理都是不同的，学会通过手势解读对方内心的真实想法，对我们做事情来说是有百利而无一害的。

小小手势传达出的心理信息

青青在一家民营企业工作，她在大学学的是心理学，对人的心理颇有研究。为此，公司让她全权负责对外谈判业务。

最近，公司正在与一家大型外企洽谈，能否做成这单生意关系到公司接下来的经济效益。为此，老总给青青下了死命令：务必要顺利拿下订单。

经过一系列的准备后，青青亲自带着项目书到外企拜访，进行深入沟通，以使项目设计更加完美。在交谈的过程中，青青看到对方负责人拿出了一张A4纸，上面密密麻麻地写满了对项目的意见、建议以及不满意的地方。不知不觉之间，对方负责人还把双手交叉放在了胸前，脸上写满了质疑。见此情景，虽然对方负责人并没有明确说什么，但是青青马上拿出了十二分的真诚，停止了解释，而是开始按照客户的意见一项一项地完善方案，即使觉得客户的方案不好，她也没有反驳，而是有理有据地把自己的设计方案为客户演示了一遍。在青青专业、敬业、耐心、真诚的演示下，客户的双臂渐渐地放了下来，投入了与青青的讨论之中。至此，青青才松了一口气。最终，她顺利地为公司签下了这个大订单。

从这则职场故事中，我们发现，青青是聪明的，她在看到客户把双手交叉放在胸前时，立即意识到这是客户想拒绝和否定的意思，于是，她及时调整策略，成功地打开了客户的心扉，最终顺利签约。相反，假使她看不懂客户的手势语言，而是选择一味地解释，那么，客户肯定会认为她是在强词夺理，以致更加反感她。由此可见，小小的手势也暗藏着大大的玄机。

的确，在人类的各种肢体语言中，手势的动作幅度是最大的，同时方式也是多样和灵活的。在人类的进化过程中，双手是劳动不可或缺的关键部位，因此发挥了至关重要的作用，推动了人类的进化历程。我们都知道，一个人的语言可能会欺骗你，但是他的身体语言不会。人们可以利用语言伪装自己，但身体语言经常会“出卖”他们。因此，解译人们的手部语言密码，可以更准确地认识他人。

可见，手势语言能够生动地反映人类的内心世界。如果能够详细了解这些手势的含义，你就能更加顺利地洞悉他人内心。比如，在现实生活中，很多时候，人们都会摩擦手掌，因为摩擦手掌代表着丰富的含义，适用于各种情境。摩擦手掌的时候，速度不同，反映的心理状态也不同。摩擦得慢，表明犹豫不决；摩擦得快，表明满怀期待。

我们在与人交流沟通时，即使不说话，也可以凭借对方的手势来探索他内心的秘密。对此，我们作出以下总结：

（1）如果对方有以下动作，表明他可能在说谎“

①当你与对方交谈的时候，你发现他有这样的动作：不时地拉衣领——这说明其心虚。此时，你可以这样试探他：“请你再说一遍，好吗？”如果对方支支吾吾，前言不搭后语，则对方极有可能在说谎。

②如果一个人说话时下意识地用手遮嘴或摸鼻子，则代表其有说谎的嫌疑。

（2）如果对方出现以下动作，表明他对你所说之话抱有消极的态度：

①当你兴致勃勃地表达自己的观点时，对方却不时地抓耳朵，表明他对你的话已经不耐烦了，他希望你打住话题，也可能他希望你能给他一个表达的机会。

②如果与你交谈的是一个群体，当你说话的时候，他们多出现交叉双臂或用手遮嘴的动作，则表示他们根本不相信你的话。

③说话时用手搔脖子表示人们对所面对的事情有所怀疑或不肯定。

（3）为了获得他人的信任，产生积极的谈话效应，我们可以尽量做出以下动作：

①说话时，尽量手心朝上，因为这一动作所传达的信息是：我是坦诚的、不说谎的。

②摊开手掌更能赢得他人的信任，但如果这是你的习惯性

动作，那么，就不灵了。

③握手时掌心向上，并垂直与对方握手，能表明你性格温顺，为人谦虚恭顺，愿以彼此平等的地位相交。

心理小贴士

我们在与人交往的过程中，如果能掌握一些手势信号，就可以看出对方的内心活动，从而判断他的用意、心思，这远比语言更具真实性！

抓耳朵有什么含义

小王是一名电脑推销员，最近，他遇到了一个难题：在向某公司推销电脑时，公司负责人把决定权交给了一名技术顾问——陈教授。经过考察，陈教授私下表示，两种厂牌，各有优缺点，但在语气上，似乎对竞争的那一家更为欣赏，小王知道问题出现了。于是，他准备尽最后的努力。他找了个机会，口沫横飞地辩解他所代理的产品如何地优秀、设计上如何地特殊，希望借此改变陈教授的想法。谁知道，在他讲述的过程中，细心的他发现了陈教授的一个小动作——不停地用手抓耳朵。小王明白，这个动作是不耐烦的表现，于是，他赶紧改变谈话策略，转而说道："陈教授，真对不起，今天打扰您很久了，我只顾着说，也忘了问您还是不是有事。要不改天我再来拜访您？"听小王这么一说，陈教授立即停止了抓耳朵这一动作，并且主动提出："那行，下周一下午我有时间，你再来我办公室谈吧。"

于是，下周一小王重整旗鼓，再次拜访陈教授。见面后，他一改自己的说话习惯，对陈教授说："陈教授，今天我来拜访您，绝不是来向您推销。过去我读过您的大作，上次跟老师谈过后，回家想想，觉得老师分析得很有道理。我们所代理的电脑在设计上确实有些特征比不上别人。陈教授，您在××公司担任顾问，这笔生意，我们遵照老师的指示，不做了！不过，陈教授，我希望从这笔生意上学点经验……"小王说话时一脸的诚恳。

陈教授听了后，心里又是同情又是舒畅，于是用慈祥的口吻说道："年轻人，振作点，其实，你们的电脑也不错，有些设计就很有特点。唉，我看连你们自己都搞不清楚，譬如说……"陈教授谆谆教导，小王洗耳倾听。这次谈话没过多久，生意成交了。

案例中，推销员小王可谓是虚惊一场。刚开始，他一味地陈述自己所代理的产品的优点，而不给对方说话的机会，使对方产生了不耐烦的情绪。不过庆幸的是，小王是个聪明的年轻人，他很快从客户抓耳朵这一小动作中识别出了客户的不满。于是，他立即偃旗息鼓，再寻找机会与客户谈话。在第二次的谈话中，他便表现出了对客户意见的重视，最终成功做成生意。

从小王的推销经历中，我们也可以看出人的手部动作——不停地抓耳朵所传达的心理秘密：当你向对方兴致勃勃地陈述自己的观点和表达自己意见的同时，如果对方不时地抓耳朵，这表明他已经对你的话产生了不耐烦的情绪，他希望你能立即打住，不要再继续你的长篇大论了。此时的你就应该知趣一点，要么让对方的耳朵休息一下，要么转移话题。如果对方也是个善于发表言论的人，那么，你最好也给对方一个表达的机会。

的确，很多时候，人们为了照顾他人的情绪，即使内心产生了一些消极的、负面的心理活动，他们也不会用语言表达出来，但他们的肢体语言不会掩饰。一个人内心产生了不耐烦的情绪，他就会选择一条发泄的渠道，其中就包括抓耳朵。因为耳朵连接着人的听觉神经，当他感觉自己的听觉神经受到刺激时，他会下意识地触摸自己的耳朵。

当然，我们也不能否定一点，一个人不时地抓耳朵，也不一定就是内心产生不耐烦情绪的表现。当一个人耳部因为某种原因瘙痒时，他也会有这一动作，因此，我们应该视当时具体的谈话环境而定。

心理小贴士

我们的耳朵是接收外部信息的重要器官，当我们不愿意继续听他人的言论时，抓耳朵便成为很好的表现方式。掌握人类的下意识动作，能帮助我们更好地与人沟通。

用手遮嘴表达的情绪

我们先看看下面这一场景：

客户："我看我还是不买了，我刚在隔壁商场买过一套差不多的。"这位顾客放下了刚刚试过的一套化妆品，挑选了很久的她终于停下了脚步。为其介绍产品的是销售员小李，小李听到客户这样说，并没有放弃推销，因为她发现了一个很小的细节：客户在说这句话的时候，下意识地用手遮住了嘴。学过销售心理学的她明白，客户其实并没有说真话，而同时，客户进店后并没有再看其他产品，这更让小李确信自己的判断。

于是，小李尝试着问："小姐，您是不是觉得这款护肤品贵了呢？"

客户："是有点贵。"

小李："那您认为贵了多少钱呢？"

客户："至少是贵了500元吧。"

小李："小姐，您认为这套化妆品能用多久呢？"

客户："这个嘛，我比较省，怎么也要用半年吧。"

小李："如果用原来牌子的化妆品，要用多久呢？"

客户："原来那个两个月要买一套吧，因为效果不太明显。"

小李："咱们这样算吧，您看原来那个牌子的化妆品是200元一套，可以用两三个月，我们按照三个月计算，您半年需要花400元。但是小姐，实不相瞒，我们这种化妆品，如果您比较省，至少可以用一年，这是多位客户共同得出的经验。因为它富含的营养成分比较多，所以只要稍微用一点就可以了。”

客户：“真的是这样吗？”

小李：“这是我的客户共同的见证。这个周末您有时间吗？我已经约了所有客户举行一个联谊，希望您也能参加。”

客户：“这样啊，好，我相信其他女孩子的眼力……”

这则案例中，化妆品推销员小李的销售方法值得我们学习。这里，她之所以能判定客户的反对意见“我看我还是不买了，我刚在隔壁商场买过一套差不多的”并非真实想法，是因为她观察到客户的一个动作：下意识地用手遮住了嘴。一般来说，这是人们没有说实话的表现。

的确，人们表现最显著、最难掩的部分，不是语言，而是下意识行为。人人都会说谎，但世界上没有不能被看穿的谎言。行为心理学家认为，我们不仅可以根据一个人的面部表情识别其话语的真实性，还可以根据其肢体动作看出其话语的真实性。因为说谎是一种复杂的行为，要做到让人相信，需要动用全身的器官共同“演戏”。一般来说，无论一个人的说谎技术如何高明，为了掩盖谎言，他都会无意中做出一些小动作，因此，善于观察的人，仅看一个人的动作就可以断定对方是否在说谎。

行为心理学家戴斯蒙·莫里斯博士做过这样一个实验：他让研究人员把护士作为测验对象，要她们有意识地对病人谎报病情。通过录像观察，这些护士在说谎时，比平常实话实说时更多地使用了用手掩饰嘴部的动作。

由此他得出结论：手遮嘴的动作表示说话者有说谎的嫌疑。

当有人在同你说话时，不自觉地出现用手捂嘴的动作；当说到与之相关的关键点时，他甚至有意假咳嗽以便用手来遮嘴——这时，你就要对这人说话的真实性多加留意，因为也许他正在说谎。结合前后的交往，你就不难作出准确的判断。如果说话者用手遮嘴，那么他就有“心口不一”的嫌疑。反过来，在你说话的过程中，如果对方用手遮嘴，且是一对一的交谈，你最好暂停下来，问一问他是否有不同的意见；如果是一对众的演讲，台下的听众很多人出现了交叉双臂或者用手遮挡嘴部的动作，那么他们向你传递的信息是你说的不符合实际或你说的他们不感兴趣，这时你就要斟酌一下演讲内容、调整一下演讲的风格和角度，尽可能扭转这种不愉快的局面。如果你置这种负面氛围于不顾，坚持讲下去，那就不会有什么好效果，甚至会引起对方的质疑。

当然，一个人说谎时也可能有其他一些小动作，如摸鼻子。摸鼻子的姿势是护嘴姿势比较世故、隐匿的一种变化方式。它可能是轻轻地来回摩擦着鼻子，也可能是很快地触碰鼻子。女性在做这种动作时，会非常轻柔、谨慎，因为怕脸上的妆被弄花了。曾有心理学家称：当不好的想法进入大脑之后，人们会下意识地指示手遮着嘴，但到了最后关头，又怕表现得太明显，因此，往往很快地在鼻子上摸一下。摸鼻子和遮嘴一样，若是说话人使用，则表示欺骗；若是听者使用，则表示对说话者的怀疑。

心理小贴士

若一个人说话时用手遮嘴、拇指压着面颊，那么，这多半是他的大脑中的潜意识指示手做这样的姿势以压制谎言从口而出。有时只是几只手指，有时是整个拳头遮住嘴巴，但意思都一样。遮掩嘴巴，是想隐藏其内心活动的特有姿势。

手指抚摸颈部的含义

张小姐是一名机械设备推销员，最近，她与一位要批量购买产品的客户已经进行过多次洽谈，对方也派了技术人员来验过货，可就是迟迟不愿成交。张小姐心想：如果再不主动出击，时间消耗得越久，客户购买的可能性就越小。于是，张小姐决定主动打消客户的顾虑。这天，张小姐来到客户的公司。

见到对方负责人郑经理以后，她立即热情地说："郑经理，您知道的，这一型号的设备，我们公司的产品是最一流的，您现在考虑得怎么样了？"

"嗯，是吧……"对方冷冷地说道。张小姐注意到，对方在说这句话的时候，做了一个下意识的动作——用手指轻轻地抚摸了几次颈部，张小姐明白，郑经理虽然嘴上认可自己的话，但内心肯定对这一点还是很有顾虑的。于是，就产品性能问题，张小姐继续说："我能理解您的想法，虽然我向您保证我们公司的产品性能属于业界一流，估计您也向同行打听过，不过，在您没有亲眼见到我们公司的规模和生产状况前，存在这种担心和顾虑是人之常情。为公司采购需要认真、负责，不能出半点纰漏，不然会影响到公司的运营等。"张小姐语重心长地说。

"是啊，真难得你能理解我的想法……"

"对于我们公司的设备，您大可以放心。您也派技术人员来试用过，我想知道您还担心哪些方面的问题呢？"

客户说道："其实我们急需一批这样的产品，对于你们公司本身的生产能力及产品质量，我已经没有什么可顾虑的了。不过我担心的是你们能否在合同签订的15天之内就将产品全部发到指定地点。"

听到客户这样说，张小姐马上说："原来您担心的是这个啊，您稍等，我马上打电话让秘书为您传真一份资料。"

一分钟后，张小姐对客户说："我给你传真的是我们公司专门针对紧急要货的客户制订的'快速订货通道'，通过'快速订货通道'，我们公司可以按照您的要求送货到指定地点，只要您能按照要求及时支付货款，到时候就可以凭单取货了……"

听到张小姐这样说，客户松了一口气，认真思考了一会儿之后，他对张小姐说："那明天我到贵公司签合同。"

从这则案例中我们发现，张小姐在和客户沟通时之所以能成功打消客户的异议，就是因为她懂得根据客户的小动作探查客户的内心活动——表面上看，客户认同张小姐说的“这一型号的设备，我们公司的产品是最一流的”这句话，但是，他用手指抚摸颈部的动作已经出卖了他的真心，事实上，他对张小姐的话还是很怀疑的。于是，在接下来的沟通过程中，张小姐围绕这一问题进行阐述，站在客户的角度，以几句真诚的话表达了对客户心情的理解，迅速拉近了与客户的心理距离。博取客户的信任之后，她再询问客户顾虑的原因就容易得多。

的确，人际交往中，人们对于他人尤其是存在利益关系的人或陌生人都是有一定的自我保护和防卫心理的，当我们提出某一观点和见解后，他们可能会表示认同，但实际上这与他们的内心并不一定相符，要看他们是否还心存戒心，我们大可不必直接问询，可以从他们手部的动作入手。正如故事中的客户，如果对方用手指抚摸颈部，那么他很可能并不相信你的话，此时，你应该做的是用真诚和事实打动对方，消除对方的顾虑，进而达到顺利沟通的目的。

心理小贴士

当人们用食指(通常是用来写字的那只手的食指)抓挠脖子侧面位于耳垂下方的那块区域——专家根据观察得出的结论是，人们每回做这个手势时，食指通常会抓挠5次。这个手势是疑惑和不确定的表现，等同于当事人在说：“我不太确定是否认同你的意见。”

第10章

躯体动作背后的含义

一个人的心理状况是可以从他的一些躯体动作中看出来的，如站姿、坐姿、抽烟的姿势等，我们要学会“窥一斑而知全豹”“一滴水看见海洋”。了解这些动作背后的含义，能帮助我们学会看透别人的行为动机，把思想和注意力引向正确的方向，还能帮助我们丰富自己的表达方式，采取正确的方法应对他人的策略。

站姿暗含的内在情绪

老刘现在已经四十岁了，他是个典型的“无所谓”先生，从年轻的时候开始，他就好像什么都无所谓的样子。

通常，在公共场合，人们看到的他都是这样一个姿势：两脚并拢或自然站立，双手交叉背在身后。

他和朋友出去吃饭，朋友问他要吃什么，他说：“随便啦，怎么样都行。”

后来，到了结婚的年纪，家里父母开始着急了，问他的个人问题，他的回答是：“随缘吧。”再后来，经过亲戚介绍，他认识了现在的妻子，家人问他对女孩子的印象，他反而问道：“你说呢？”看样子，从他嘴里，永远问不出一个明确的答案。

儿子开始上小学后，变得调皮、不爱学习，妻子为教育孩子的事头疼得不得了，他倒安慰妻子：“让他去吧，儿孙自有儿孙福。”妻子气不打一处来，他一笑了之。

单位新来的小伙子在工作上很认真，经常是大家下班后他还在工作，老刘看到后，对他说：“年轻人，不必那么认真吧！”一句话让小伙子丈二和尚摸不着头脑。

……

可以说，故事中的老刘就是个典型的“无所谓”先生，这一点，从他在日常生活中的站姿就能看出来。这里，我们可以说，经常有这样站姿的人一般都可以与人相处得比较融洽，很大一部分原因在于他们很少对别人说“不”，他们的快乐来源于他们对生活的满足。

当然，一个人的站姿有很多种，心理专家经过研究后提出：不同的站姿往往反映出一个人的性格特点。不同的生活习惯、起居饮食、言谈举止、厌恶爱好以及意识倾向会决定一个人的站立姿势，也就是说，我们可以通过一个人的站姿看出一个人的性格特征和内心真实情感。如果你仔细观察揣摩，会发现站立这种简单的动作也是百人百样。只要细心观察你周围的人，你就可以从他们站立的姿势中探知其心理活动：

1. 含胸、背部微驼

很多女孩子在青春期发育时对身体的变化没有树立健康积极的认识，容易形成这种站姿。这样的人往往缺乏自信，如若是女孩子，则是很单纯的类型，需要加强保护或积极引导。

2. 挺胸收腹、双目平视

这种人往往有充分的自信，要不就是十分注意个人形象，或此时心情十分乐观愉快。

3. 两手叉腰而立

这是具有自信心和心理上占据优势的表示。如果加上双脚分开比肩宽，整个躯体显得肿胀，往往存在着潜在的进攻性；若再加上脚尖拍打地面的动作，则暗示着领导力和权威。

4. 单腿直立，另一腿或弯曲或交叉或斜置于一侧

表达一种保留态度或轻微拒绝的意思，也可能是感到拘束和缺乏信心的表现。

5. 将双手插入口袋

不表露心思、暗中策划的表现；若同时弯腰弓背，可能说明事业或生活上出现了不顺心的事。

6. 喜欢倚靠站立，不是靠墙就是靠着人

这类人好的方面是比较坦白，容易接纳别人。不好的方面就是缺乏独立性，总喜欢走捷径。

7. 遮羞式站立

手有意无意遮住裆部，一般是男性采取的动作。遮住要害部位，是一个防御性动作，说明心里忐忑不安，准备遭受批评与反对。

8. 双脚成内八字状站立

多为女性的站姿，有软化态度的意味。许多女性在担心自己显得支配欲和好胜心太强时，往往采取这种站姿。

9. 双脚并拢，双手交叉站立

并拢的双脚表示谨小慎微、追求完美。这种人看起来缺乏进取心，但往往韧性很强，是属于平静而顽强的人。

10. 背手站立

背手暗含有“不想把手弄脏，所以把它搁置一边”的意

思，这类人通常是自信心很强的人，喜欢控制和把握局势，或自诩是居高临下的强者。但是，如果一只手从后面抓住另一只手的手臂，则可能是在压抑自己的愤怒或其他负面情绪。但是，在服务行业中，这种站姿又可能是想表明“我没有行动，没有威胁”的意思。

当然，以上只是一些简单的介绍，只供参考。其实，只要仔细观察一个人，是可以从一些蛛丝马迹中发现一些规律的。

心理小贴士

站姿是性格和心理活动的一面镜子，根据站立的姿势，可以探知一个人的真实内心。

从坐姿看一个人的心理活动

“我已经三十多岁了，周围的姐妹已经纷纷结婚了，无奈，我不得不加入相亲的大潮中。我并不排斥这种结交异性的方式，也许真的能认识一个和自己很合适的人呢？在我的相亲经历中，有一个男士给我的印象很深刻，后来，我们成了很好的朋友。

“那天，天下着雨，我比预约时间早到了二十分钟，于是，我选了咖啡厅靠窗的位置坐了下来。我在想，既然都下雨了，那人应该不会来了吧。没想到他居然踩着点来了，并且，很有礼貌地跟我打了招呼。他给我的第一印象非常不错，这样一个彬彬有礼的男士相信谁也不会讨厌。但接下来，我从他的身体语言中发现，他和我是同一类人。

“他虽然块头不小，但在介绍完自己后，就蜷缩在沙发里，把双手夹在大腿中间。并且，无论我们聊什么，他好像都不大愿意更换自己的坐姿，我想那对于他来说应该是最舒服的。因为很明显，他是个自卑的人，而我想找个自信、能替我拿主意的人。后面的谈话证实了我的想法，除了刚开始见面时他冲我微笑了一下之外，后面他就一直呆若木鸡。

“为了使整个谈话的气氛不那么僵硬，我开始主动找话题，我发现，我们惊人地相似，我们都为自己平凡的相貌而感到自卑，都喜欢宅在家里，一到周末，宁愿自己在家做做点心、看看电视，也不愿意出去和朋友玩……

“聊到最后，我们竟都感觉有点相见恨晚。

“后来，我们再联系时，完全没有因为相亲失败而苦恼，相反，我们为交到一个好朋友而感到高兴。”

古人云，物以类聚，性格相似的人很容易成为朋友，很明显，故事的女主人公和她的相亲对象的结交经历就证明了这一点。她很清楚自己需要什么样的伴侣，通过观察相亲对象的肢体语言——蜷缩在沙发里、把双手夹在大腿中间这个动作判断出对方和自己性格类似后，她发现彼此更适合做朋友。

专家们研究和分析得出，通过观察一个人的坐姿，也可以了解他的性格和心理。

经常正襟危坐、目不斜视的人：力求完美、办事周密而讲究实际的人。这种人只做那些有把握的事，从不冒险行事，但他们往往缺乏创新与灵活性。

爱侧身坐在椅子上的人：他们往往是心里感觉舒畅即可，觉得没有必要给他人留下什么好印象。他们通常是感情外露、不拘小节者。

把身体尽力蜷缩一起、双手夹在大腿中而坐的人：往往自卑感较重，谦逊而缺乏自信，大多属服从型性格。

敞开手脚而坐的人：可能具有主管一切的偏好，有指挥者的天姿或支配性的性格，也可能是性格外向、不知天高地厚、不拘小节的人。女性若采用这种坐姿，还表明她们缺乏性的经验。

将一只脚别在另一只脚后而坐的人：一般是害羞、忸怩、胆怯和缺乏自信心的女性。

踝部交叉而坐的人：当男人显示这种姿态时，他们通常还将握起的双拳放在膝盖上，或用双手紧紧抓住椅子的扶手；而女性采用这种姿势时，在双脚相别的同时，双手通常会自然地放在膝盖上或将一只手压在另一只手上。大量研究表明，这是一种控制消极思维外流、控制感情、控制紧张情绪和恐惧心理、表示警惕或防范的姿势。

将椅子转过来，跨骑而坐的人：这是当人们面临语言威胁、对他人的讲话感到厌烦或想压下别人在谈话中的优势时会做出的一种防护行为。有这种习惯的人，一般总想唯我独尊、称王称霸。

在他人面前猛然而坐的人：表面上是一种随随便便、不拘小节的样子，其实说明此人隐藏着不安，或有心事不愿告诉别人，因此不自觉地用这个动作来掩饰自己的抑制心理。

坐在椅子上摇摆或抖动腿部或用脚尖拍打地板的人：说明其内心焦躁、不安、不耐烦，或是为了摆脱某种紧张感而为之。

和你坐在一起而有意识挪动身体的人：说明他在心理上想要与你保持一定距离。并排而坐的两个人要比对坐着的两个人在心理上更有共同感。

喜欢对着坐比喜欢并排而坐的人：更希望自己能被对方所理解。

斜躺在椅子上的人比坐在他旁边的人：具有心理上的优越感，或者处于高于对方的地位。

直挺着腰而坐的人：可能是表示对对方的恭顺之意，也可能表示被对方的言谈激起浓厚的兴趣，或者是欲向对方表示心理上的优势。

心理小贴士

一个人的坐姿，可以反映他惯常的性格特征和此时此刻的心理，观察他人的坐姿，能帮助我们更清晰地掌握人心。

为什么有些人总会情不自禁地抖腿

对于所有情侣来说，恋爱谈到一定阶段就要谈婚论嫁，就免不了要见家长。小杨与小米恋爱半年多了，小杨决定正式见见小米父母。于是，为了体现自己的诚意，小杨去酒店订了一桌酒席。

这天，小杨很快到了酒店，他紧张不安地等待着小米父母的到来。终于，这一家人姗姗而来。

一番介绍后，小杨便对小米父母说："叔叔阿姨，我听小米说你们有一些忌口，就点了一些你们爱吃的菜，希望你们别嫌弃。"小杨很紧张地说完这句话后，留意了一下小米母亲的表情，虽然对他笑了笑，但很明显，她好像并不满意。

接下来的一顿饭，虽然小米尽力从中斡旋，但小米母亲似乎一直不大高兴，她和小杨都觉得莫名其妙。

饭后，小杨给已经和父母一起离开的小米发了条短信："你帮我问问，我哪里做得不好。"

"收到，放心，包在我身上。"

回到家后，小米母亲把包重重地摔在沙发上，不高兴地说："还说什么研究生毕业，这么没教养？"

"老伴，咋了，刚才吃饭的时候我就看到你脸色不对了，那孩子挺好的啊，怎么就没教养了？"

"你老花眼了吧，他一直在那儿抖腿你没看见？我看，他要是动作再大点，整个桌子就要给他掀了。"

"哎，我看你是误会了，这是紧张焦虑引起的表现，你以为他不想给我们一个好印象？但越是想表现自己，越是紧张。”

这时候，小米也解释道：“是啊，他平时没有抖腿的习惯的，即便和那些大客户交谈，他也能镇定自若。看来，您真是冤枉他了。”

……

恐怕，生活中，我们也遇到过这样的情况，他人与我们交谈时，有人会不自觉地抖腿，而我们可能也会指责对方不尊重人；对于这样的情况，长辈们可能还会说“什么臭毛病”。然而，这样的指责，有时候还真受得有点冤。就如同故事中的小杨，他就是因为不自觉地抖腿而被小米母亲认为是没有教养，不过庆幸的是，小米的父亲为他进行了一番辩解。

民间有个说法是“男抖穷，女抖贱”，虽然专家表示这是无稽之谈，但也从侧面反映出抖腿在每个人身上都是再正常不过的事情。的确，正常人抖腿没有任何临床意义，这只是一种毫无意识的自我放松。曾有心理学专家称，在人际交往中，真实信息的反应往往是通过非语言传递的，而肢体动作就是其中的一部分。通常来说，与他人互动可以有三种表现状态，即融洽、对立和回避。抖腿则可以简单归类到回避反应中。回避状态多源于内心焦虑、没有安全感，非生理疾病性质的抖腿也是如此。比如，一个人在向许多人汇报工作时，常会不自觉地腿发抖，这多半就是心里没底，紧张、焦虑所致。从这个角度说，抖腿有时候还表明了一个人的不自信。

因此，我们可以说，抖腿是正常现象。不过，观察发现，人在全神贯注做事情的时候，一般不会抖腿，通常都是比较无聊的时候会发生，这是一种不自觉的现象。有些人平时抖习惯了，不抖还难受。

此外，也有专家从生理学角度对抖腿动作进行了类比分析。从生理学上讲，久坐或久站不动，都会让腿感到不舒服，血流不畅，所以，在自觉不舒服的情况下，人就会在无意识中活动起来，以促进血液流通，缓解不适。而在心理方面也有类似的意思：当心理较长时间处于紧张、焦虑状态时，人就会不自觉地作出缓解反应。

当然，抖腿也与个人习惯有关。一般最早时只是偶然反应，久而久之即形成自然反应，最后变成条件反射。因此，要想有所改变，除了自我调试焦虑心态外，还应有意识地进行强化改变，就像强迫自己改掉坏习惯一样。

总之，从心理上来讲，抖动单腿或双腿是一种放松的表现，是自己下意识的放松。当然，人在轻微紧张的时候也有可能会抖腿。如果是不能控制的抖腿，那就要去看看神经科医生了。

心理小贴士

抖腿是用于放松神经，促进血液循环，给大脑发出“指令”，使人体消减一部分的疲倦的一种不自觉的方法。

叉腰意味着什么

某幼儿园招聘老师。这天，有两位应聘者来到了园长办公室，一男一女，看过二人的简历后，园长很满意地点了点头，因为他们都有好几年的从业经验。但两名都很优秀的应聘者让园长也犯愁了：现在幼儿园只需要一名老师，该选谁呢?

不过，丰富的识人经验让园长最终淘汰了那个看似很温柔的女孩。事后，其他老师询问园长为什么这样选择。

“难道是因为幼儿园都是女老师，性别需要平衡一下？”有个老师这样开玩笑。

“好吧，跟你们分享一下。他们两个人都挺优秀的，但那个女孩可能不大适合和小朋友相处。在他们来到办公室后，我就留意到她的一个姿势：总是用手叉腰，即使坐下来，她也喜欢这样。我以前阅读过一些识人心理方面的书，这类人一般都有强烈的控制欲望和支配欲。当然，我不能仅凭这一动作给一个人下定论，后来，我研究了一下，她虽然做了很多年的幼儿园老师，但在每个幼儿园都做不长，最长的也不过三个月。我想，她是一个热爱幼儿园工作的女孩，但可能在与孩子的相处过程中并不愉快吧……”

这则案例中，这名幼儿园园长是善于识人的，在发现应聘者有叉腰这一习惯性动作后，他初步判断出对方是个强势的人，然后，通过对对方简历的分析，他更确定自己的判断。的确，一个与孩子相处不好的人又怎么适合做幼儿园老师这一工作呢?

从这一案例中，我们不难得出，双手叉腰，双肘向外，这是古典体态语，象征着命令，同时也意味着此人在与人接触中更希望自己可以支配别人，有强烈的领导意识。

另外，在某些场合，叉腰姿势被视为对别人的冒犯。例如，第二次世界大战结束时，在接受了日本人的投降后，道格拉斯·麦克阿瑟将军站在日本天皇旁边，拍了一张照片。天皇站在那里，小心翼翼地把双手置于身边，不敢造次，而麦克阿瑟将军把手置于髋上。日本人就把这个漫不经心的姿势视为大不敬的标志。

我们可以看出，当你与别人聊天时，你的一些小动作很容易泄露你的潜在态度。当然，在某些情况下，双手叉腰也能帮助我们宣誓主权和自己的立场，让我们看起来更有支配性。

那人们这一动作的心理动因是什么呢?从起源上来看，可能是源于：面对敌人时，把双臂张开或者插在腰间，以扩张自己正面的面积来恐吓敌人。这只是一种猜测，但是自然界中有很多生物都是以这种方法御敌的，所以不排除这样一种假设。假设成立的话，现代人习惯性地作这种姿势，表明他是一个生活上强势的人，在某一方面咄咄逼人。但反过来说，这种姿势也可能表明其在掩饰内心的不安和怯懦。很简单的道理，越是内心不强大的人，他越是会找出各种方法来掩饰自己。这是性格上的两个极端，这两种性格的心理动因都是相似的。

总之，我们能总结出一点：叉腰这一动作暗示的是强势心理，对他人有进攻意味。与喜欢叉腰的人打交道时，需要根据具体情况，找到具体的应对策略。比如，如果他是你的领导，那么，你最好顺从他，听从他的指示办事；而在谈判中，要想占据有利形势，你就不要被对方的“花架子”所吓倒，你需要告诉自己：他只不过是只纸老虎，气场不足才会有这样的动作，进行这样的心理暗示，会让你更有底气。

心理小贴士

双手叉腰，在很多文化里都表示愤怒、挑衅，或者质疑，总之，在身体语言里，双手叉腰是一种强势符号。

绝望时的抱头动作是一种本能

老林是一名心理学专家，他的儿子小林也很喜欢心理学，他经常在生活中对自己的父亲问长问短。

这天，父子俩吃完饭后一起看足球赛。不过可惜的是，他们喜欢的那一队输了。

“怎么会这样，我一直看好他们的。”小林感叹道。

“哎，别想了，输了就输了吧，也许下一届他们能赢回来。”

“不过，我看他们是绝望了。”小林说。

“为什么这么说？”老林问。

“他们全体队员都在抱头了啊，这不是绝望的表现吗？”

“你小子不错啊，都能看出这点。不过你也不必担心，每个足球队都有自己的心理辅导员，他们沮丧的情绪会很快平复的。”

“嗯，希望如此吧。不过，爸爸，我不明白的是，为什么人在绝望时会抱头呢？”

“你这问题问得好。其实，人的这一动作是天生的，在我们还很小甚至可以追溯到婴儿期的时候，我们什么都不会，那时候我们就是无助的。此时，母亲会经常托起我们的头，也就是从那时候起，我们在绝望时便会有抱头这个习惯性动作。”

“原来是这样啊……”

这里，老林解释了为什么足球运动员在比赛失利时会习惯性地抱头：这是一种天生的、不学即会的回应，它是用来保护头部的。不过，它保护头部，不是为了抵抗物理意义上的打击，而是为了抵抗心理上的伤害。

在这种情况下，一个足球运动员要想慰藉自己，能做的不多。他不能对着自己说话，不能轻拍自己的后背或者给自己一个拥抱。不过，他可以通过“支头”来慰藉自己。尽管他并没有意识到这一点，但是用手围住自己的后脑勺，实际上是在重复他妈妈的一个动作——在他还是一个无助的婴儿时，他妈妈常常托起他的头。

除了体育比赛，我们还发现，在宣布政治选举的结果时，失败的候选人会掩住眼睛或嘴巴，甚至整个脸孔。捂住眼睛，是在阻止自己看到令人悲伤的事情，这和抱头是同样的道理。

另外，在一些战争中，那些战俘通常也会有这一动作，而这也是投降的意思。它是有一定的历史渊源的。最初人们对俘虏都是要求他们把双手举过头顶，后来因为双手举过头顶被符号化了，带有了部分侮辱人格的意思，所以就改成双手抱头了。

因为，如果手放在别的地方，要做出突然的动作，如掏枪，相对容易一些，速度可以很快；但放在脑后或举过头顶，由于幅度较大，肱三头肌的拉伸几乎到了极限，要快速做出一个动作是很难的。

这样做的目的，就是让俘虏的反抗反应时间尽可能延长，以便于看管人可以从容作出反应。

另外，手放在脑后，手臂会部分地遮挡他们自己的视觉和听觉范围，也可以防止他们做小动作。可见，在这一点上，双手抱头和双手举过头顶效果是一样的。

生活中，我们也会看见，警察在抓获歹徒后，会让其用双手抱住头，其实也是这个道理，双手抱头后，他们就没有反抗能力了。

心理小贴士

当人们面对突如其来的危机而恐惧和无奈的时候，人们会下意识地抱头，这一动作更多时候并不是为了阻止生理上的伤害，而是为了获得心理安慰。日常生活中，如果你的朋友或者身边的亲人做出这样的动作，那么，此时，他是需要安慰的，用你的温暖关怀他，会帮助他减轻绝望情绪带来的伤害。

第11章

心理分析在职场中的运用

身处职场，我们都处于复杂的人际网络中。我们不仅需要和上司、同事、下属打交道，还有可能需要和客户、面试官交流，不同的人有不同的性格、不同的行为方式，需要我们用不同的方式面对。而首先，我们只有先做到洞察他人的性格并善于研究各色各样的人物，才能在职场中左右逢源、游刃有余。

找准时机，主动和上司沟通

绍斌是一家大型健身器材公司的业务经理。可能是由于他性格的原因——老实本分、不善言谈，他带领的团队业绩一直不理想。面临销售“瓶颈”，他的直属上司给他下了一道死命令——必须做出新的销售方案，解决眼下的销售问题。苦思冥想后的他终于做出了一套新的方案。在他向上司汇报工作方案并征求其意见时，不料上司却让他自己去找解决的办法。可见，绍斌的方案并没有让上司满意。令绍斌不解和气恼的是，他明显感觉到，最近一段时间，上司好像跟自己有仇，即使是别的部门出现了一些故障，开例会的时候，上司也总是拿他出气，这些传到下属的耳朵里，让他很没面子。绍斌思前想后，自己并未得罪过上司啊，他为什么几次拒绝自己的销售方案，也不给一点意见呢？他到底想怎样？绍斌觉得自己肯定是要被炒鱿鱼了，想到这些，他就烦躁不安。于是，他决定豁出去，跟上司摊牌。

这天，他坐在自己的办公椅上，远远看到上司笑眯眯地进了他自己的办公室。他心想，上司的心情应该不错，于是，他鼓足了勇气敲开了上司办公室的门，并表明自己有一些不解的问题要请教。上司请他坐下后，他告诉上司，他很喜欢这个工作，也很热爱自己的团队和公司，更希望在上司的带领下好好发展和提高自己，同时也希望自己可以帮助上司一起将公司发展壮大。上司一听绍斌有这样的想法，高兴得直点头。绍斌一看上司已经在心理上接受了自己，就开始慢慢地、诚恳地陈述自己最近心头的一些疑惑，希望上司能真心地帮助自己，并对自己今后的工作方案之类的工作作出更为明确的指示和指导。

听到这时，上司明白了绍斌的真正来意，哈哈大笑，然后就说："你每次让我给你提建议时总是笼统地问这个计划行不行、那个问题怎么解决，我不在第一线，所以没办法给你具体的指导，只好叫你自己去找办法了。"

这次开诚布公的面谈让绍斌明白了自己与上司沟通不畅的症结所在。他知道是自己诚恳自然的表达让上司了解了自己。这时，他一下子感觉到了轻松，把原来的困惑与不安都抛到了九霄云外。

故事中绍斌的做法很明显是对的，也是值得学习的。他是个懂得察言观色的下属，根据上司的表情，他发现上司心情不错，于是，他趁此机会与上司沟通。当他诚恳地要求主管领导一步一步、仔细具体地告诉他正确的做法和方向时，领导也进入了角色。如此开诚布公的交谈，令上下级之间的关系更紧密，于人于己都有益。

的确，身处职场，我们每个人都有自己的上司，都免不了要与上司打交道，是否懂得在正确的时机说对的话、做对的事，事关我们的职场命运。而要做到这一点，就需要我们细心一点，学会揣摩、分析上司的心思。比如，如果你想提升职、加薪的事，那么，最好选择上司心情好的时候；如果你发现上司绷着脸，那你最好不要向他提及一些可能会加重他负面情绪的事。

有人说，每个领导的眼睛都是雪亮的。的确，此话不假，也许你的领导早已经看到你，认为你是个值得培养的人才。也许他正在寻找机会考验你，也许他正想为你安排一个重大的任务，也许他正想给你一个培训和学习的机会，为你的职业生涯发展提供条件……但实际上，很多领导日理万机，不可能对每个员工的动态都作出准确的判断。因此，这就更需要我们学会察言观色，学会摸清领导的心理，选择合适的机会与领导沟通，然后表现自己，最终达到我们的目的。

心理小贴士

身在职场，如果你想赢取领导尤其是老板的钟爱或信任与重用，想让领导视你为心腹或常伴左右的得力助手，就需要你首先表达自己的诚心，这样，你将获得莫大助益，从而在职场上一帆风顺、扶摇直上。

学会解读客户的身体语言

刘毅是一名暖气片销售员。今年，刚进入冬天不久，生意便逐渐地火爆起来了。有一天，刘毅一大早就敲开了某装修公司经理的家门，对方让他进到家里，入座之后，刘毅就开始滔滔不绝地介绍自己的暖气片的功能和特点，以及客户用了他们暖气片的好处。

在说话之余，刘毅观察到经理时不时地点头。介绍完之后，他立即拿出合同要求经理在合同上签字。就这样，刘毅一鼓作气签下了十几万元的大单子。刘毅没有忘记老业务员传授给他的经验：当客户频频点头的时候，是签合同的最佳时刻。他观察到经理不断地点头，时而托着脸沉思，他觉得这个时候是签合同的最佳时机。

从这个故事中我们可以了解到，一个人不经意间做出的一些动作，往往能映射出他的心理倾向。刘毅正是抓住了经理不断点头的动作，分析得出经理对自己的产品的认同，进而把握住了最佳时机，成功地完成了交易。

同样，我们在与客户打交道的过程中，也要多注意观察顾客的微小动作，尤其是这些看起来不经意间做出的动作，往往能把顾客的态度和倾向泄露出来。当你掌握了顾客的态度之后，顺着顾客的心意，就能做成生意。

心理学研究发现，一个人向外界传达信息的时候，单纯靠语言表达的成分只有7%，语气和声调占了38%，剩下的55%基本上都来自肢体语言。很多时候人在用肢体传递信息的时候，自己并不觉察。客户也是同样的，尽管他们会在嘴上说很多客气的话敷衍我们，但是他们往往难以掩饰肢体语言所透露出来的真实信息。我们在和客户的接触中，不能单纯地听客户说什么，要根据客户的身体语言洞悉客户的心理。要学会从客户的眼睛、手、脚等不同部位的动作和举措中捕捉有价值的信息，从口头语和声调变化中正确解读客户的所思所想。

通常来说，我们可以从以下简单的肢体语言中判断出客户对产品的态度：

1. 点头表示认同

点头在一定程度上表达了赞许和认可，基本上表达着一种肯定的意思。如果在你和客户的交谈当中客户不断地点头，那就是说客户对你很感兴趣，示意你继续说下去。这时候基本上已经离合作不远了。但是也要注意客户点头的频率，如果点头的频率过快，那就有了否定的意思，表示客户对你很反感，这时候一定要适可而止，尽快结束发言，以免惹怒对方，使合作彻底地失去希望。

2. 客户直直地盯着我们看，是质疑的表现

在和客户的交流过程中，很多客户会直直地盯着我们看，有些人还以为这表示客户对其感兴趣，事实上，客户盯着你看，很多时候是对你表示质疑，对你所持的观点反对和不赞同。这时候你如果解读错了，就无法了解顾客的态度和情感。这样一来，无形之中就把顾客和你对立了起来。试想，如此情

况下，客户怎么可能和你合作呢？

3. 用手捂着嘴巴表示他要撒谎

如果在交流的时候客户下意识地用手捂着嘴巴，那么你要明白，顾客要撒谎了。这时候，作为销售员的你不妨直接询问："有什么问题吗？"或者问："你觉得有什么不合适的地方吗？"要么你直接就说："我觉得你有不同的想法和见解，你说说，我们交换一下想法，看问题出在哪里。"只有让客户把自己的想法说出来，销售员才能了解客户的想法，真正地帮助客户解决问题。

由此可见，通过阅读客户的身体语言，我们能把握客户的心理变化和情绪的变化，可以说，客户的肢体语言就是客户心理的"晴雨表"，对方的心态怎么样、情绪怎么样，我们完全能从其各种肢体语言中找到答案。

心理小贴士

人们在交往的时候，很多情况下，嘴里所说的话和身体语言所表达出来的意思是不相符合的，人的嘴巴可能会说谎，但是身体永远不会说谎。学会解读客户的身体语言，才能准确把握客户的心理变化，我们才能真实了解对方在想什么，我们才能真正明白如何去顺应客户的心理、如何和顾客达成合作交易。

这些小动作，可能会影响你的面试结果

章明是某大学的大四学生，学习人力资源管理专业，因为还有半年就要毕业，所以他已经开始找工作了。一个偶然的机会，他听说自己向往已久的一家大型国企在招聘人力资源主管，因此便抱着试试看的心态投递了简历。虽然这家公司想招聘有工作经验的人，但是，因为章明的条件比较好，所以公司还是网开一面，给了章明面试的机会。

机会来之不易，看着黑压压的面试人群，章明十分紧张。面试分为初试和复试，因为准备充分，所以章明顺利地通过了初试。他欣喜若狂，觉得自己离心仪的工作又近了一步。复试的时候，由总监亲自当考官，不过，没有什么设计好的问题，只是看似随意的交谈。总监很和善，章明在总监的引导下，有条不紊地回答着总监的提问，心情渐渐放松了。不知不觉中，他把手插到了裤兜里，和总监侃侃而谈。不一会儿，谈话结束了，在章明离开之前，总监淡淡地提醒他道："小伙子，我认为你各方面的条件都很好，虽然没有工作经验，但也是个可塑之材。不过，我想提醒你，下次面试的时候千万不要把手插在裤兜里！"听完总监的话，章明的心凉了半截，他知道自己已经失去了这个千载难逢的工作机会，而唯一的原因是他不合时宜地把手插到了裤兜里。

我们每个人都有一些习惯性的小动作，但面试中，无论你和面试官谈得多么融洽，都不能忘乎所以。案例中的章明，如

果不是因为手插在裤兜里而给人留下不良印象，就不会与心仪已久的工作失之交臂。

的确，面试是每个求职者的必经之路。既然要面试，就免不了要与面试官打交道。考官考察的是面试者的多种能力，不同的能力自然能够为求职者带来不同的面试机会。但你需要明白的是，即使你再有才华，你的经验再丰富，在面试过程中，如果你不注意收敛自己的一些小动作，那么你也可能被踢出局。

那么，该如何避免在身体语言上犯错呢？以下是一些会令你失去工作机会的错误身体语言：

1. 握手时软弱无力

你应该做的是，站起身来，自信地走到你的面试官面前，然后面带微笑，与其进行眼神交流。握手时千万不能软弱无力，但你也需要记住，力度也不可太大，好的握手的诀窍是手掌与手掌接触。伸出你的手，将手自然滑落到对方的手掌范围内，让手掌与手掌相接触，与对方大拇指紧扣，与对方施用同样的力道。另外需要注意的是，合适的力道因文化不同而有所差异。

2. 不可套近乎、侵犯其个人空间

每个人都有领地意识，另外对方毕竟是面试官，不要站得太近，当然也不要拥抱他们。

3. 不良的姿势

坐姿要挺拔，不对称的身体语言会让你看上去局促不安或不诚实。

4. 交叉双臂

那样会使得你看上去显得很自我，且有防备之嫌。如果你能在交谈时选择用双手来做一些手势，那么你的表达就会显得有激情多了。

5. 拨弄头发

虽然它能让你减轻一些压力，但显得很孩子气。另外，这样也会分散面试官的注意力。

6. 缺乏眼神交流

面试时，偶尔移动眼神是很正常的，但当面试官与你交流时，请一定要与之进行眼神交流，你要将眼神交流视为一个联系工具。

7. 坐立不安

不要摸你的脸、摆弄口袋里的零钱或咬指甲。坐立不安既令人分心，也是焦虑的一种表现。

8. 隐藏你的双手

不要坐在你的双手上，也不要把双手藏在你的大腿中间，而应把手放在椅子扶手上或桌子上或用来做手势。手势的使用使你看上去更具表达力，面试官能够通过关注你的双手而解读出你有多么地诚恳。

心理小贴士

面试过程中，你的实力、自信还有紧张程度，以及你有多么开诚布公和多么诚实，都能通过身体语言来传达。同时，你需要记住一些面试中不能做的小动作，它们只会给你在面试官心中减分。

观察考官，准确地表达自我

有人说，求职面试其实就像一场推销——当你面试的时候，你其实就是一名推销者。应聘者的目的是什么？把自己推荐给考官，努力让自己被考官选择；而推销者的目的无非也是将自己的货物推荐给客户，让客户选择自己的货物。因此，不难看出，应聘与推销在本质上是没有什么差别的。我们应当在应聘时把自己当成推销员手中的货物，把考官当成是客户。所谓推销手段的高明与否，就是能否投其所好地说出客户最爱听的话，并设法跳进对方的口袋、掏出对方的钞票。所以，我们要能察言观色、想尽办法掌握考官的心理，然后投其所好地表达。

那么，具体来说，我们该怎样做呢？

1. 打破沉默，善于沟通

不管出于何种原因，不会说话都是求职的大忌，很容易让人怀疑此人的能力。

面试开始时，有些应试者往往不善于打破沉默，只能等待面试官打开话匣子。面试中，有些面试者又出于种种顾虑，不愿主动说话，结果使面试出现冷场。即便能勉强打破沉默，语音语调也极其生硬，使场面更显尴尬。实际上，无论是面试前或面试中，面试者都应主动致意与交谈，这样能留给面试官热情和善于与人交谈的良好印象。

我们不妨从“自我介绍”开始。介绍自己时不要结结巴巴，回答问题前要理清思路，不能让人摸不着头脑，声音要洪亮，咬字要清楚，尽可能让沟通顺畅。这样说话，才会让考官觉得：这名求职者很自信，表达到位！这对面试过程的顺利进行是极有好处的。

然后你可以寻找一些感性而轻松的话题，最好能火眼金睛地看出面试官的一些兴趣。比如，小麦色的皮肤说明他很爱户外运动，说话中明显的“e时代特色”是在告诉你他也是网络一族……记住，在聊天的过程中，要对他的话作出及时的反应，说一些不会令自己“死机”的话，这样可以使他提升对你的兴趣。

2. 语言要形象生动、富有情趣

在面试交谈中，应试者每时每刻都应该使自己的语言形象生动、富有情趣。如果你能做到情理相容，讲出的话带有感情渲染的意味，讲话不呆板，会给考官留下一个精明强干的印象。表达要简洁、清晰、直率、准确。切忌用模棱两可的话语或模糊性语言、卖弄学问。针对问题，要干干脆脆地回答，以使考官产生一种舒适感。

3. 重视考官的微表情，适时调整话题或自己的观点

“微表情”不是求职者的专有名词，考官也有“微表情”。

求职者如果能“察言观色”，也可以洞察面试官的内心，并在面试中“投其所好”，适时摒弃一些考官没有兴趣的话题或不赞同的观点。

人力资源专家认为，读懂考官的“微表情”，有利于在面试中及时扭转败局。例如，有人说，面试时考官的右手总是撑在脸上，中指封在嘴上，食指伸直指向右眼角，左臂横在胸前，目光很少对着求职者，这样的肢体语言，基本可以表示他对面试者不感兴趣。

4. 巧妙回答一些尖锐的问题

比如，考官问你：“你为什么要辞去以前的工作？”

如果按照诚实原则，应当回答：“我跟经理合不来，他快把我逼疯啦，我必须离开。”但是，这样的回答肯定会给考官留下一个坏印象：这人可能是一个不太合群的人，他既然跟以前的上级合不来，说不定跟以后的上级也合不来。

再比如，考官问你：“为什么你直到现在还没有找到工作？”

如果按照诚实原则，应当回答：“现在找工作太难啦，我看得上人家，人家却看不上我。”而按照恭维原则，应当回答：“我对我以前的工作不太满意，所以我辞职之后进修去了，参加了一些培训，读了一些书，现在我终于知道我应当去哪里了。”以此恭维该公司是一个有档次的地方，只有那些知书达理的人，才会认识到它的价值。当然，这个问题也可以这样回答：“我对工作选择是非常挑剔的，我不想随便找一个没有挑战性的工作。”以此恭维应聘公司是一个有挑战性的地方。面试官作为该公司的代表，也自然乐意接受这样的恭维。

最后，如果考官问你：“你想要多少薪水？”

如果按照诚实原则，应当回答：“月薪五千元。”而按照恭维原则，应当回答：“我会考虑您能提供的最高薪水。”以此恭维应聘公司有鉴赏力和洞察力，能够根据一个职员的能力和经验支付相应的报酬。

心理小贴士

求职面试的时候，知己知彼才能百战百胜，每个人都有爱听好话的弱点，考官也是。因此，我们只有学会观察考官，掌握考官的喜好，说出令考官悦耳的话，才能打动考官的心，进而赢得他们的好感。

自如应对四类难相处的同事

物以类聚，人以群分。身处职场，我们总希望自己能找到志同道合的朋友。然而，同在一片屋檐下，与我们相处的同事在性格、为人处世上都与我们有很大出入，他们似乎很喜欢打探他人隐私，或者如祥林嫂般总是在抱怨……对于那些不喜欢的同事，大家同处一个办公室，抬头不见低头见，该怎么办呢？其实，只要我们懂得观察，分析总结出他们的行事、说话的风格，便能找出具体的应对策略。

职场专家指出，在职场中，可能招致同事厌烦的人大致有四类，他们或者喜好探人隐私、道人是非，或者凡事都很消极、喜欢抱怨。总之，因为一些消极、负面的性格及待人处世特征，使得他们成为很多职场人不喜欢的同事。面对不同的同事，我们也应该采取不同的措施与之相处。以下是四条建议：

1. 对于“道人是非”者要打马虎眼

办公室中，有这样一些人，他们似乎精力充沛，别人忙于工作，他们却忙于道人是非。工作之余，那些围在一起叽叽喳喳的人中，他们必定是主角。办公室中，他们似乎对待周围的人都很热心，其实他们只不过为了收集“谈资”而已。

他们之所以有这样的“嗜好”，是妒心过盛的结果，他们心里往往巴不得他人越来越倒霉、越来越困窘。聪明人与这类人交谈时，是不会推心置腹的。

对于这样的人，我们在与之相处的时候，无论他谈论谁的是非，都不要发表任何意见，打打马虎眼，“哼”“哈”而过，从而让他知“错”而退。对这种人，不要得罪，对他说的他人是非，也不能赞同。与其言语交流时，哼哼哈哈，不失为一种好办法。因为“哼”“哈”是一种模糊语言，既会让道人是非者感受到你的成熟，又能让他觉得这项话题无法再交流下去，从而中止谈话，或者使谈话朝着健康方向发展。某些情况下，可以说，“哼”“哈”是一种不可小觑的处世学问。

2. 对于人生不如意者，要为其鼓气

的确，职场中，也总有这样一些人，他们整日愁眉苦脸、唉声叹气，处于消极悲观的情绪中，无论周围的人在说什么开心之事，他们似乎都提不起兴趣。这样的人多半工作、生活不如意，一旦遇到可以倾诉的对象，他们就大诉苦水、怨声载道。

作为局外人的我们，遇到这类人，在仔细聆听他们的“不幸”之后会发现，其实没什么大不了的。但在与这种人进行交流时，我们要给其注入活力、为其鼓气。因为，在他们的心里，只是缺乏一种肯定，他们强烈地希望他人肯定其有着了不起的天赋、有着不寻常的水平。与他们进行交流时，应该恰当地肯定他们的特长，赞扬他们的功绩，给其注入蓬勃发展的活力。这样的话，他们会对你非常亲近，并且对你感激不尽。

3. 遭遇“自我炫耀”者要风趣以对

这样的人，喜欢侃侃而谈，与人交谈时总是眉飞色舞，办公室中，他们声音的分贝比其他同事都高。他们总是鼓吹自己能耐大、人缘好，明明自己只有“一分”的能耐，却说自己能做“二分”的事。听者都为其感到脸红，他们却浑然不知。

实际上，这类人是典型的内心自卑者，又是个自负者。这种人常常外强中干，其“吹牛”的目的只不过是引起大家对他们的关注，以满足自己的虚荣心。这种胡乱吹嘘给人一种巧言令色、华而不实之感。和他们进行交流时，正确的法子是用幽默风趣的话语作答，似是而非，模模糊糊，嘻嘻哈哈，一笑而过。

4. 对于“满口假话”者要纠正其一二

“林子大了，什么鸟都有。”职场这一“林”中，也是如此。我们工作的环境中，总是有些人，似乎从来不以真面目示人，说出的话总是半真半假。

与他们交流时，我们不能“逆来顺受”、全部接受其观点，而应该懂得一些战略战术。

可能你会疑问，与之交谈时，该怎样判断出他们是否在撒谎呢？对此，我们可以从其微表情、肢体语言入手。即使他们把谎言编得再完美，这些无声语言也会出卖他们。如果发现他们在撒谎，那么，你不妨“攻其一点，崩溃全线”，抓住假话中可以攻破的其中一项，然后把握十足地提出反对意见。这样一来，他们就会觉得羞愧，那种神采飞扬的气焰就会立刻落下去。这种攻其一点的做法，既不会伤及其自尊心，又会让他们对自己的撒谎毛病有所改正。

当然，职场中令人讨厌的同事并不止以上四种，这就需要我们在与同事相处的过程中灵活应对，大吵大闹、面红耳赤、大打出手都不可取，最后吃亏的还是自己！

心理小贴士

职场中，不同的人有不同的语言、行事风格，对我们的同事进行一些心理分析，能帮助我们找到具体的应对策略。

第12章

心理分析在交际行为中的运用

随着社会的进步，人们越来越渴望交往，于是，就有了社交。但无论是哪一种社交形式，都需要我们掌握对方的心理，因此，学会心理分析显得尤为重要。交际行为中破译人心，可赢得初次见面的人的信任，得以扩大人脉。一个人若善于了解对方的心意，甚至能轻松与不好相处的人交往，进而广受欢迎。因此，只要精通心理分析，任何人都能把社交生活经营得有声有色。

日久见人心，也需要会心理分析

孙膑和庞涓是同学，一同拜鬼谷子先生为师学习兵法。同学期间，两人情谊深厚，并结拜为兄弟，孙膑稍年长，为兄，庞涓为弟。有一年，当听到魏国国君以优厚待遇招求天下贤才到魏国做将相时，庞涓再也耐不住深山学艺的艰苦与寂寞，决定下山，谋求富贵。孙膑则觉得自己学业尚未精熟，还想进一步深造；另外，他也舍不得离开老师，就表示先不出山。

于是庞涓一个人先走了。临行时，他对孙膑说："你我弟兄有八拜之交，情同手足。这一去，如果我能获得魏国重用，一定迎取孙兄，共同建功立业，也不枉来人世一回。"

庞涓在魏国迅速地得到了魏王的重用，慢慢地他的声望与地位也提高了，魏国君臣百姓，都十分尊重他、崇拜他。而庞涓自己，也认为自己取得了盖世之功，不时向人夸耀，大有普天之下舍我其谁的气势。这期间，孙膑却仍在山中跟随先生学习。他原来就比庞涓学得扎实，加上先生见他为人诚挚正派，又把秘不传人的孙武兵法十三篇教与他学习、领会，因此，孙膑的才能更远远超过庞涓了。

孙膑下山后，到魏国先去看望庞涓，并住在他府里。庞涓表面表示欢迎，但心里很是不安、不快，唯恐孙膑抢夺他一人独尊独霸的位置。庞涓听说，自己下山后，孙膑在先生教诲下，学问才能更高于从前，因此十分嫉妒，生出了要置孙膑于死地的恶念。在他设计的圈套下，孙膑被挖去了膝盖骨。

孙膑又何曾料到，昔日与自己一起读书习武的庞涓竟会加害于自己。但庞涓最终还是败在了大智若愚的孙膑手里，“马陵之战”中，庞涓被齐军用乱箭射死。

从这个故事中，我们可以得出一个道理：日久见人心。社交中，初次与人交往，应本着“逢人只说三分话，未可全抛一片心”的交往原则，那些善于识人的智者，都能做到见微知著、明察秋毫，从长远处着手，而不是凭一时兴致。

俗话说，黄金万两易得，人生知己难求。在复杂的社会中，我们若想交到真正意义上的朋友，绝非易事，因此，不可凭一时意气。要知道，倘若你交友不慎，那么，很可能会为你带来很多麻烦，甚至后患无穷。

然而，一个人品性的好坏不会写在脸上，怎样才能交到好朋友而远离坏朋友呢？按孔子理论，一要有仁爱之心，愿意与人亲近，有结交朋友的意愿；二要有辨别能力，要有保障交友质量的底线。你可能有各种各样的朋友，或吃喝玩乐的酒肉朋友；或情趣相投的文墨笔友；或在事业上相扶相帮、同甘共苦的朋友；而让你一时舒畅、愉悦、满足的，可能恰恰是损者三友。当你失去了被他利用的价值时，他就会变出另外一副狰狞面孔。从古至今，这样的教训太多了。

所以，要交真正的贤友、诤友，决不能仅凭一时的情义，而要理智把握自己、从长计议，时间能帮助我们分辨他人的好坏，看清他人的本质。

当然，“长期考察法”这种有效的识人方法，并没有给我们规定一定的时间。长期考察的好处，就在于对重复出现的特点有更加准确的判断力。“日久”，客观上创造了很多让人表现的机会，如果关键事件频繁出现，我们就能够把人看准，就能够“见人心”了。“日久见人心”的精要就在于用稳定的重复出现的表现，即人的品质，预测这个人未来的行为。

因此，社交中，我们应多留心，不要过早地对一个人掏心掏肺，而应将自己的眼光放远一点，从长计议。这时你就会发现一个道理——人，形形色色、千差万别，在错综复杂的事物背后，人的本质似乎高深莫测，看来看去都是雾里看花、捉摸不定。

心理小贴士

社交中，对他人的了解是需要一个过程的，是需要时间来验证的，也是需要经过事件的磨炼的。要想真正了解一个人、认识一个人，必须与他打交道，与他相处，方知对方是否可交。

不同的打招呼方式表现不同的个性

老王是某事业单位职工，他和周围邻居的关系都很好，很少得罪人。最近，单位从外地新调来了一位领导，并安排他住在老王所在的小区。这个周末的早上，老王准备和妻子去买菜，在小区门口，这位领导看见了老王，便跟老王打招呼：“老王，你好啊。”老王回答到：“您好，周处长。”当时，老王妻子也向这位领导点了点头。

后来，老王发现，周处长每次看见他，都会以这样的方式打招呼，多年的识人经验告诉老王，这位周处长是个藏得很深的人。

有一次，老王听说周处长过生日，便给他送了一幅画。第二天早上，他看见老王，还是那样打招呼：“老王，你好啊。”老王心里纳闷，难道他不喜欢自己送的礼物？谁知道，老王一到办公桌上打开邮件，就发现周处长给自己的留言：“老王，谢谢你，我很喜欢你的礼物……”

案例中的周处长是个典型的官。他在人际交往中表现得小心翼翼，不会给人留下口舌，很注意自己的形象，因此，即便下属送了自己一件很喜欢的礼物，他也会选择暗地里感谢。这样的性格，其实在他几次和老王打招呼的方式中已经显现出来了。

人际交往中，人们刚见面或者遇到熟人时，都会采取一种表示友好的方式——打招呼。可以说，打招呼是一种最简便、最直接的礼节，我们每天都有可能需要实施，而打招呼的方式，也会透露出关于这个人性格的信息。

1. 打招呼时双方的空间距离，直接显示出双方的心理距离

不难想象，死党、闺密们在见面打招呼时会立即走过去，然后给对方一个大大的拥抱或者直呼对方的小名、昵称等，这会让我们感到很亲密。而如果某个人在跟你打招呼的时候下意识地后退几步，在他看来这是礼貌的表现，但你肯定会觉得他是有意识地抗拒你，这是对你有所顾忌的表现。

2. 打招呼时不敢看着他人眼睛，多半是自卑所致

你很真诚地看着对方的眼睛打招呼，而对方却没有回应你，而是避开你的眼神，你可能会误解他这是瞧不起人。而实际上并非如此，他可能是因为自卑或者胆小，因此，你需要克制你的情感，不需要为此生气。

3. 边注视边点头打招呼的人，怀有戒心

打招呼时伴有注视对方眼睛这一动作的人，可能是对对方怀有戒心，还有一种可能，那就是希望自己处于优势地位。之所以凝视对方的眼睛，可能是想借此方式来探测他人心理。

4. 虽然经常见面，但还是千篇一律地打招呼，大多是自我防卫意识强、表里不一的人

故事中的周处长就是这样的人。他们虽然与某个人见面次数很多，经常一起吃饭、喝酒，但他们与其见面时还是千篇一律地打招呼，这种人具有很强的自我防卫的意识。

5. 初次见面就很随便地打招呼的人，是想形成对自己有利的态势

初次见面就很随便地打招呼的人，往往使人大吃一惊。有

人常常认为这样的人很轻浮，其实这种人往往很寂寞，非常希望与人亲近。

心理专家提醒，当遇到“自来熟”的男性时，女性要特别小心，切勿使男性有机可乘。这种男性中的有些人性格浪漫大方，是个滥情家，性情懦弱，迷恋女性，且其中不乏游手好闲之徒。

6.“招呼常用语”揭示人的性格

“招呼常用语”指的是刚刚与某人结识或与熟人相遇时经常使用的打招呼的话语。心理专家曾有研究表明，根据一个人的打招呼用语，可以了解这个人身上的很多性格特点。这些“招呼常用语”有：

“喂！”——他们开朗大方、活泼好动、思维敏捷、富于幽默感。

“你好！”——这类人性格稳定、保守、工作认真、负责、深得朋友信任，他们能很好地控制自己的情感，不容易情绪化。

“看到你真高兴。”——此类人大多性格开朗，待人热情、谦逊，对很多事物都很感兴趣，但容易感情用事。

“最近怎么样？”——这类人爱表现自己，自信、大方、渴望成为社交场合的焦点，但同时，行动之前，喜欢反复考虑，不轻易采取行动；一旦接受了一项任务，就会全力以赴地投身其中，不圆满完成决不罢休。

“嗨！”——他们比较多愁善感、腼腆，不希望得罪人，常常会因为怕做错事而不敢尝试，但在与自己熟悉的人面前，他们也比较活泼。在周末或闲暇时间，他们更愿意与爱人一起宅在家中，而不愿外出消磨时光。

心理小贴士

打招呼的方式因人而异，打招呼和应答的方式，往往能反映出一个人的性格特点。

不可不知的墨迹心理学

李洁经人引荐，得到了去一家时尚前沿杂志社面试的机会。这天，她精心打扮了一下：白衬衣、粉红短套装裙，精美的妆容，总之很漂亮，出门前家人都认为她这份工作势在必得。

中午的时候，李洁回家了，却一副沮丧样。家里人问怎么回事，原来问题是出在了李芳的笔试上——她的字太潦草。

事情是这样的：

李洁应聘的是杂志文字编辑一职，她和其他几位应聘者一样，都带上了自己的文稿，但这几篇文稿文笔相当，面试官不好决策，就咨询主编。巧的是，这位主编是个典型的“老古董”，习惯了古老的考试方式，并且，他认为，一个人的字写得怎么样，很大程度上体现了他的知识素养。于是，他针对时尚界的一些问题，出了一些题目，让这些应聘者现场书写答案。结果，这位主编对李洁的试卷的评论是：字迹潦草，观点模糊。

后来，这位主编留下了一位字体美观，但资质尚浅的年轻人。这让很多同来面试的人觉得不服气，但他们也只能和李洁一样，感叹自己没有练好字。

这里，我们暂且不讨论这位主编选用人才的方式是否正确，但我们不得不承认的是，尽管人们已经普遍使用现代化办公设备工作，很多时候，人们仍会根据对方的字体判断对方的知识水平和文化素养。

提到笔迹与心理，可能人们都会想，这二者怎么可能有关系呢？但实际上，生活中人们常说“字如其人”。可见，一个人的个性心理与其字迹是有一定关系的。

笔迹作为人们传达思想感情、进行思维沟通的一种手段，像其他人体语言一样，是人体信息的一种载体，是大脑潜意识的自然流露。我们的确可以根据一份笔迹猜测出书写者的性格特点、心理等，而且准确率可以达到60%～70%；这一点，也已经成为很多用人单位招聘员工的一个潜在考察点。

例如，在美国，已经有三百多家公司在聘用人才时接受笔迹学家的意见。他们认为，通过观察笔迹，可以看出应聘者在求职时的心理状态，并且，利用这一点还能做到人尽其才，按照每个人的不同性格安排工作，更能发挥他们的才能。

关于笔迹学，美国著名的心理疗法专家威廉·希契科克的研究已经进行了二十多年，他还藏有4万份笔迹档案。从中他得出了一些具体的结论：一个人的性格、心理状态和逻辑思维能力等很多方面都在笔迹上有所体现。具体来说，我们可以从以下几方面来看：

从字体大小看，字体写得过小是有观察力和会精打细算的人，字迹过于紧凑则具有吝啬和善于盘算的性格；字体写得过大的人是举止随便、过于自信和做事比较草率的人。

从笔迹是否均匀看，一个人的笔迹若不均匀，那么表示他可能是脾气暴躁、嫉妒心强，甚至是喜欢搞小动作、小阴谋的人；一个人笔迹轻重均匀适中，则表示他是个性格平稳、成熟稳重的人，交代给他的事，他一般都会努力完成；下笔很重者，则有可能是内心敏感的人。

从字体结构看，字体方正的人，一般都是做事严谨、记忆力强、认真的人；而反过来，字体方圆、大小、长短等方面有变化的人，则多半是适应能力强、善于与人打交道者。

从字体的形状看，字写得有棱有角的人，一般都是个性鲜明、立场坚定的人；反过来，字体圆滑者，其性格多半也和他的字体一样，他们为人随和、老练，善于笼络人心。

从字体是否有变化看，在笔迹上总是追求更新颖的人，多半也是勇敢的、爱冒险的人；而字里行间起伏不平的书写者善用外交手段，善于发现别人的弱点；书写时越写越往上者是个乐观主义者，而越写越往下者则是个悲观主义者。

另外，我们还发现，生活中，有些人在写字时，会刻意模仿他人的笔迹，这种人一般都能独当一面，很可靠；在书写阿拉伯数字的时候，有些人会写得很美，这样的人一般内藏心机，能做到喜怒不外露和沉着应付大事。

心理小贴士

不同性格的人在书写的时候，在字体的大小、形状、模仿性等方面各有不同，了解这些，能帮助我们看到他人的心理活动，从而帮助我们懂得怎样与人交往。

名片中透露着对方的性格

麦琪现在是一家知名风投公司的投资人，最近，她看好了一家小公司，准备对其进行投资。然而，在见面时，对方的态度让她大失所望。

这天，麦琪和助手来到这家公司，为了方便起见，对方就把午饭安排在了公司附近的一家酒店。到达吃饭地点后，双方按照程序，进行了一番自我介绍以后，便进入了交换名片的环节，麦琪的助手把她的名片递到对方公司接待人员手中。而令麦琪惊奇的是，对方竟然丝毫没有看她的名片就直接把它丢到桌子上，也没有再回赠名片的意思。

整个用餐过程中，麦琪都不怎么高兴，也没怎么说话，原本打算了解的关于这家公司的很多问题也都不想问了。

第二天，这位公司的负责人前来咨询投资的事，对此，麦琪的回答是："我是不会与这么不懂礼节的公司合作的，我想贵公司现在需要做的是先给员工上一门礼仪课。"

这则案例中，这家公司为什么失去了一个被投资的机会？问题出在了名片上。从这里我们看出一点，现代社会，名片在人际交往中的重要性。

从某种程度上来讲，名片就是我们身份的代表。有的名片甚至囊括了一个人一生的成就和所得。所以，通过名片看一个人是十分有效的方法：

1. 喜欢大字体的人

这类人喜欢表现自己，功名心很强，在人际交往中，他们希望自己能成为焦点。他们善于与人交往，表现得相当平和与亲切，且具有绅士风度。这种人不会迷失自己，遇到利益时，他们不会拱手让给别人。表面上看，他们和谁都相处得不错，但实际上，他们不容易让他人真正地靠近。他们善于隐藏自己，为人处世懂得谨慎行事、把握分寸，使一切都恰到好处。

2. 名片上没有任何头衔的人

这类人大多有自己的个性。他们不喜欢循规蹈矩，不喜欢虚伪的人和事，他们不在乎金钱与地位，也不太在乎世俗的看法，他们只喜欢按照自己的意愿去做事情，讨厌被他人支配和调遣。而与此同时，他们也很少对别人指手画脚、发号施令。他们具有超乎一般人的想象力和创造力，所以经常会有所创新和突破。

3. 在名片上附加自己家里的住址和电话的人

这类人无论在能力、社交等各方面都相当优秀，有对自己、对社会负责任的态度。在名片上印上这些内容，当他不在办公室时，对方便可去他家里，以及时把事情解决。而与此相反，有许多人恰恰为了逃避工作上的麻烦而拒绝告诉他人自家的地址和电话。不过，前者这样做可能会被他人利用，故投放名片时要小心提防。

4. 名片上有别名或改名的人

这类人叛逆心比较强，为人处世比较小心、谨慎，无法与周围的人合拍；另外，他们还有点神经质，常常怀疑周遭的一切，猜疑别人的同时也怀疑自己，这使得他们很容易产生自卑感，在遇到挫折和困难的时候，缺乏足够的信心，总是想妥协退让。从某一方面来讲，他们没有太多的责任心，并且总是想方设法逃避自己该负的责任。

5. 比他人更快递出名片的人

比对方更早递出名片，是着重诚意的表现。其效果是慎重、厚重、重礼仪。收到名片后仍然不拿出名片给对方，则是粗鲁无礼以及拒绝的表现。

6. 到处给名片的人

无论在什么场合，他们都喜欢把自己摆在一个显眼的位置，好让他人随时能看到。他们不但容易忘记自己在什么时候拿名片给了什么人，而且常常把名片当成一种传单，漫天乱撒。这种类型的人是经营者的话，大多是老板、伙计或推车四处奔走的私营企业主。因为常想不劳而获、大捞一笔，所以常常要承担偷鸡不成反蚀一把米的危险。

7. 经常若无其事地掏出一大堆别人的名片的人

像这种带着大把他人的名片外出的人，大都是以自我为中心的类型，其特征是活动性强、口才很好，说话绝不会出任何纰漏，是能够获得他人喜欢的人。他们的社交能力、组织能力比较强，拥有不错的口才和充沛的精力，成功的概率还是比较大的。与这种人商谈之前，最好能立下约文保证。

心理小贴士

当代社会，不论私人交往还是公务往来中，名片都是最为经济实惠且最通用的介绍媒介，具有证明身份、广交朋友、联络感情、表达情意等多种功能。名片使用率之高也告诉我们，分析他人的名片，能帮助我们更清晰地了解其性格和心理特征。

总喜欢坐在某个位置，意味着什么

曾经有一家知名外企来到某大学进行校园招聘活动，当时，全校一共有八百多人参加了他们的宣讲会，但是在大会结束时，只会留下1/3的学生进入下一轮选拔。外企如何快速发现人才？原来关键就在于看大家对于座位的选择。

首先，考官会看进场的状态，谁坐在前面先留下，最后三排基本没希望，不管他如何优秀，坐角落两边的也不要。坐中间的要看听课状态，对于认真并且眼神有互动、积极回答问题的学生，也会考虑。

这家知名外企选拔人才的方式其实是有一定的心理学依

据的——人们在某些特定环境中挑选的位置或者对座位的特殊偏好，往往会泄露人们内心的想法。意大利非语言交流学家马克·帕克利对人们在车厢中的行为作了多年研究，他认为，人们上了空的公交车后，一般都不会选定第一排座位——这排位子通常到了车厢快满时才有人坐。心理咨询师认为，这种选择是人类特有的安全感造成的。当你选了第一排座位时，坐在背后的人会让你感到一种潜在的威胁，因为你看不见他们在你背后做什么。其实，不仅是坐公交车，很多场合下，人们都不愿意选第一排的座位。

其实，社交场合，我们也可以根据人们挑选座位的方式来了解他们的性格，具体来说：

1. 喜欢挑选中央位置的人表现欲望强、以自我为中心

一般来说，这样的人不多见，他们有很强的表现欲。人际交往中，他们的话题总是离不开自己，很少关心他人。他们很爱面子，在某些场合，他们会主动站出来买单，在工作中，他们往往很有领导气质。

当然，他们最大的缺点就是很少顾及他人感受。比如，在饭店吃饭时，如果服务员因为不小心上错了菜，他们必定会马上与服务员争执，甚至会说出难听的话来。总之，他们并不是那么容易沟通和相处。

2. 喜欢靠窗而坐的人平凡

窗边位置明亮，且能看见窗外行人车辆以及发生的事，通常来说，个性平凡的人喜欢挑选这样的位置坐下；另外，这样

能避开人多的洗手间附近，尽可能远离喧闹嘈杂的人群。

3. 喜欢坐在入口处附近的人，属于个性急躁的类型

他们精力旺盛，对生活工作都很积极、乐观，总是乐于助人，喜欢走来走去，好像永远闲不下来。

4. 喜欢角落位置的人喜欢安定

尽可能地选择角落位置的人，也是因为坐在角落里能对店内全景一览无余，这样，他们就能看清楚所有的人和事。

一般来说，这种人追求一种安定、稳妥的生活。由于他们习惯做一个旁观者，基本上缺乏决策的能力以及作为一位领导者应有的积极态度，因此，与其要他们做领导者，还不如请他们当顾问来得合适。

5. 喜欢面向墙壁的人孤傲

偏好靠近墙壁附近的座位，而且喜欢面向着墙壁背对着其他客人的人，这种选择显示出他们不想和其他人有任何瓜葛的心态。背对着其他客人显得孤傲，热衷于自己的世界，无视于外界的存在。

6. 喜欢背靠墙壁的人普通

同样选择靠近墙壁的座位，但喜欢背对墙壁、面对店内客人而坐的人，应该算是很普通的类型。人们会将背部贴着墙壁，是一种十分寻常的心理反应。背靠着墙壁时，我们便不需要担心背后是否会有敌人偷袭，而又可以眼观六路、耳听八方，注意周围的动静。

对一般人来说，由于背部没有长眼睛，很难注意到有什么

事情发生，因此，背靠着墙壁，是一种能令人安心的本能反应。

当然，以上是针对单个人在某个场所选择座位时的情况分析，当众人一起进入某个场所时，人们选择座位的方式应该另当别论：

进入场所后，环顾四周，然后对其他人说："坐那里吧！"这样的人很自信、很有气场，是会直接表达内心想法的人，但也可能因为独断而让他人生厌。

带领着大家就座，却发现位子已经被其他人占领，于是不得不重新寻找，有这样习惯的人判断力欠佳，且会作出错误判断，经常会出现小失败，不过这样反而凸显其个人魅力。他们乐于配合他人，老实的性格受人欢迎。

总是跟在大家后面的人、等待被人安排的人通常有依赖心理，他们自己不会主动去做一件事，往往只是配合其他人。

会立即问工作人员具体情况的人，虽然懂得变通，但他们会以现有结果为优先，而忽视其他一些更为重要的因素，如其他人的喜好与氛围等心理因素，也有不考虑别人意见与想法的一面。

心理小贴士

我们经常会因为需要而坐在咖啡馆、餐厅、会议室等这些地方，你喜欢坐在哪个位置呢？通过对位置的选择，我们可以大致判断每个人的个性。

参考文献

[1] 易东. 心理分析术[M]. 北京：中国纺织出版社，2012.

[2] 王保蘅. 弗洛伊德心理分析术[M]. 南京：江苏凤凰出版社，2013.

[3] 马里奥・亚考毕. 相遇心理分析：移情与人际关系[M]. 广州：广东教育出版社，2007.